# 话说 震级

## ——新震级国家标准的社会应用

HUASHUO ZHENJI—XINZHENJI GUOJIA BIAOZHUN DE SHEHUI YINGYONG

刘瑞丰 袁乃荣 任 枭 著

地震出版社

**图书在版编目（CIP）数据**

话说震级：新震级国家标准的社会应用 / 刘瑞丰，袁乃荣，
任枭著. -- 北京：地震出版社，2017.6

ISBN 978-7-5028-4799-9

Ⅰ. ①话… Ⅱ. ①刘… ②袁… ③任… Ⅲ. ①震级 —
国家标准 — 中国 Ⅳ. ① P315.3-65

中国版本图书馆 CIP 数据核字（2017）第 118661 号

**地震版** XM4017

**话说震级 —— 新震级国家标准的社会应用**

刘瑞丰 袁乃荣 任 枭 著

责任编辑：张 宏

责任校对：刘 丽

出版发行：地 震 出 版 社
     北京市海淀区民族大学南路 9 号   邮编：100081
      发行部：68423031 68467993  传真：88421706
      门市部：68467991       传真：68467991
      总编室：68462709 68423029  传真：68455221
     http://www.dzpress.com.cn
经销：全国各地新华书店
印刷：北京地大彩印有限公司

版（印）次：2017 年 6 月第一版 2017 年 6 月第一次印刷
开本：787×1092 1/16
字数：121 千字
印张：6.75
书号：ISBN 978-7-5028-4799-9/P(5498)
定价：36.00 元

# 前　言

　　我国是一个多地震的国家，地震活动具有频度高、强度大、分布广、震源浅的特征。据1900年来的地震观测资料表明，我国每年平均有5.0～5.9级地震20次，6.0～6.9级地震3～4次，平均5年就会发生1次7.5级以上地震，平均10年就会发生1次8.0级以上地震。地震灾害突发性强，它可在很短的瞬间内将生机勃勃的城市夷为平地，吞噬成千上万的无辜生命；如果地震发生在山区、海域，还可能造成山体滑坡、泥石流、海啸等地震次生灾害。地震灾害在人们心理上留下长时期难以愈合的精神创伤，给国家或地区的经济发展、社会稳定带来严重的影响。

　　地震应急与救援工作是应对地震灾害的直接和重要手段，直接关系到生命安危、财产损失和社会秩序稳定。保护好人民群众生命财产安全，促进实现人与自然和谐相处，是党和政府以人为本执政能力建设的重要内容。随着我国综合国力不断提高，高效的地震应急救援能力已成为党和政府科学应对、有力处置突发地震事件，最大限度地减轻地震灾害损失的重要手段，成为保障我国公民安全，彰显社会主义制度优越性的重要方面。

　　为依法科学统一、有力有序有效地实施地震应急，最大程度减少人员伤亡和经济损失，维护社会正常秩序，国务院于2012年8月28日修订了《国家地震应急预案》。根据这一预案的要求，震级是各级政府启动地震应急响应级别的重要依据。地震灾害发生以后，各级政府应依据发布的震级大小和地震灾害程度启动地震应急预案，开展地震应急工作。震级也与政府制订防震减灾规划、进行新闻报道等工作息息相关。随着我国防震减灾事业的发展，规范使用地震震级已引起全社会的广泛关注。因此，规范地震震级的测定和社会应用，对推进我国地震监测预报、地震灾害预防、地震紧急救援等防震减灾工作和地震科学研究具有重要的意义。

I

防震减灾是党和国家的一项社会公益性事业，是各级地震部门向全社会提供的一项重要的公共服务。认真贯彻实施GB 17740—2017《地震震级的规定》，提高全社会的防震减灾能力，是全社会的共同责任。为了帮助大家轻松地学习、理解和领会GB 17740—2017《地震震级的规定》的相关内容，我们本着深入浅出、通俗易懂的原则，编写了这一宣贯读本。

本书共六章，主要介绍了我国地震震级测定及发展，震级测定的相关问题，修订震级国家标准的必要性，新震级国家标准的主要内容和特色，新震级国家标准在新闻报道、地震应急、科普宣传等领域的社会应用，希望能为贯彻实施GB 17740—2017《地震震级的规定》工作提供一些有益的参考和帮助。

作　者

2017年6月

# 目 录 content

第一章　新震级国家标准概述 ......................................................1

　第一节　新震级国家标准已经发布 ..........................................1

　第二节　新震级国家标准主要内容 ..........................................2

　第三节　新震级国家标准修订过程 ..........................................5

第二章　新震级国家标准的特色 ...............................................12

　第一节　震级国家标准的发展历程 .........................................12

　第二节　GB 17740—2017主要特点 .........................................14

　第三节　GB 17740—2017技术要点 .........................................17

第三章　震级的测定及发展 .......................................................22

　第一节　震级的测定方法概述 ..............................................22

　第二节　震级的研究与发展 ..................................................40

　第三节　震级的优点与缺点 ..................................................43

第四章　为什么要修订震级国家标准？ .....................................46

　第一节　GB 17740—1999的主要内容 .....................................46

　第二节　我国震级测定面临的问题 .........................................47

　第三节　修订震级国家标准的主要原因 ..................................49

第五章　震级测定的相关问题 .................................................. **54**

　　第一节　地震及其参数测定 ..................................... 54

　　第二节　震级测定的基本知识 .............................. 69

　　第三节　震级与地震能量 ...................................... 80

　　第四节　震级与地震烈度 ...................................... 82

第六章　新震级国家标准的应用 ............................... **86**

附录A　地方性震级量规函数表 ........................... **91**

附录B　$Q(\varDelta，h)$值表 ............................................. **94**

参考文献 ................................................................................ **98**

# 第一章 新震级国家标准概述

防震减灾是党和国家的一项社会公益性事业，是各级地震部门向全社会提供的一项重要的公共服务。修订国家标准《地震震级的规定》，是中国地震局依照《中华人民共和国防震减灾法》，履行对地震监测和预测职责的要求，也是进一步加强防震减灾社会管理，提高对社会公共服务能力的重要途径和措施。快速、准确地测定破坏性地震的震级，对于震后地震应急与救助至关重要；规范地震震级的测定和社会应用，对推进我国地震监测预报、地震灾害预防、地震紧急救援等防震减灾工作和地震科学研究具有重要意义。

## 第一节 新震级国家标准已经发布

2017年5月12日，国家质量监督检验检疫总局、国家标准化管理委员会发布"中华人民共和国国家标准公告2017年第11号"公告（图1-1），批准334项国家标准，其中强制性标准6项，推荐性标准328项。GB 17740—2017《地震震级的规定》是一项国家强制性标准。

GB 17740—2017《地震震级的规定》将替代GB 17740—1999《地震震级的规定》，于2017年12月1日正式实施。

该标准修订过程中开展了大量科学研究工作，并充分汲取了国内外相关研究成果，使震级测定方法、发布规则与国际地震学与地球内部物理学联合会（IASPEI）推荐的新震级标准相衔接，充分考虑了我国震级测定的历史连续性和实际工作需求，使地震震级的测定方法更科学、测定结果更准确、测定速度更快捷、发布规则更合理。

图1-1　中国国家标准化管理委员会公告

# 第二节　新震级国家标准主要内容

对震级的"测定方法"和"使用规定"进行修订是本次震级国家标准修订工作的两个关键环节，并且属于强制性内容。在地震台网的日常工作中，一方面必须确保各种震级测定的科学性和规范性，另一方面要及时向政府机关和社会公众发布唯一的、不会造成困惑的地震震级，这是地震监测社会职能的体现。无论是地震台网的日常地震监测工作，还是各级政府、新闻媒体在开展地震信息发布、新闻报道、地震应急、防震减灾、科学普及等社会应用时，都要严格遵守本标准的使用规定。

## 一、测定方法

本标准规定了地方性震级 $M_L$、短周期体波震级 $m_b$、宽频带体波震级 $m_{B(BB)}$、面波震级 $M_S$、宽频带面波震级 $M_{S(BB)}$ 和矩震级 $M_W$ 的测定方法。

### 1. 地方性震级

测定地方性震级 $M_L$ 应使用仿真成DD-1短周期地震仪两水平向记录S波（或Lg波）的最大振幅，该最大振幅应大于干扰水平2倍以上，按照式（1.1）计算：

$$M_L = \lg(A) + R(\Delta)，A = \frac{A_N + A_E}{2} \qquad (1.1)$$

式中，$A$ 为最大振幅，单位为微米（μm）；$A_N$ 为北南向S波或Lg波最大振幅，单位为微米（μm）；$A_E$ 为东西向S波或Lg波最大振幅，单位为微米（μm）；$\Delta$ 为震中距，单位为千米（km）；$R(\Delta)$ 为地方性震级的量规函数，不同的地区要使用不同的量规函数（见附录A）。

### 2. 面波震级

测定浅源地震的面波震级 $M_S$，应将原始宽频带记录仿真成基式（SK）中长周期地震仪记录，使用水平向面波质点运动位移的最大值及其周期，按照式（1.2）计算：

$$M_S = \lg\left(\frac{A}{T}\right) + 1.66\lg(\Delta) + 3.5，2° < \Delta < 130°，3\,s < T < 25\,s \qquad (1.2)$$

式中，$A$ 为水平向面波最大质点运动位移，取两水平向质点运动位移矢量和的模，单位为微米（μm）；$\Delta$ 为震中距，单位为度（°）；$T$ 为 $A$ 对应的周期，单位为秒（s）。

### 3. 宽频带面波震级

测定浅源地震的宽频带面波震级 $M_{S(BB)}$，应在垂直向速度型宽频带记录上量取面波质点运动速度的最大值，按式（1.3）计算：

$$M_{S(BB)} = \lg\left(\frac{V_{max}}{2\pi}\right) + 1.66\lg(\Delta) + 3.3，2° < \Delta < 160°，3s < T < 60s \qquad (1.3)$$

式中，$V_{max}$ 为垂直向面波质点运动速度的最大值，单位为微米每秒（μm/s）；$T$ 为 $V_{max}$ 对应的周期，单位为秒（s）；$\Delta$ 为震中距，单位为度（°）。

### 4. 短周期体波震级

测定短周期体波震级 $m_b$，应将垂直向宽频带记录仿真成DD-1短周期地震仪记录，测量P波波列（包括P，pP，sP，甚至可以为PcP及其尾波，一般取在PP波之前）质点运动位移的最大值，按式（1.4）计算：

$$m_b = \lg\left(\frac{A}{T}\right) + Q(\Delta, h)，5° < \Delta < 100°，T < 3s，0 \leqslant h \leqslant 700km \qquad (1.4)$$

式中，$A$ 为P波波列质点运动位移的最大值，单位为微米（μm）；$T$ 为 $A$ 对应的周期，单位为秒（s）；$\Delta$ 为震中距，单位为度（°）；$h$ 为震源深度，单位千米（km）；$Q(\Delta, h)$ 为垂直向P波体波震级的量规函数（见附录B）。

5.宽频带体波震级

测定宽频带体波震级$m_{B(BB)}$，应在垂直向速度型宽频带记录上测量P波波列（包括P，pP，sP，甚至可以为PcP及其尾波，一般取在PP波之前）质点运动速度的最大值，按照式(1.5)计算：

$$m_{B(BB)} = \lg\left(\frac{V_{max}}{2\pi}\right) + Q(\varDelta, h), \quad 5° < \varDelta < 100°, \quad 0.2s < T < 30.0s, \quad 0 \leqslant h \leqslant 700km \quad (1.5)$$

式中，$V_{max}$为整个P波波列质点运动速度的最大值，单位为微米每秒（μm/s）；$T$为$V_{max}$对应的周期，单位为秒（s）；$\varDelta$为震中距，单位为度（°）；$Q(\varDelta, h)$为垂直向P波体波震级的量规函数（见附录B）。

6.矩震级

矩震级$M_W$应使用测定的地震矩，按照式（1.6）计算：

$$M_W = \frac{2}{3}(\lg M_0 - 9.1) \quad (1.6)$$

式中，$M_0$为地震矩，单位为牛顿·米（N·m）。

## 二、使用规定

本标准修改了GB 17740地震震级的使用规定，对地震信息发布、科学普及、新闻报道、防震减灾等与地震震级有关的社会应用给出了明确的要求。

1.震级测定

（1）负责日常地震监测的各地震台网（站），应按照第三章的方法测定可能测到的所有震级，包括地方性震级$M_L$、短周期体波震级$m_b$、宽频带体波震级$m_{B(BB)}$、面波震级$M_S$、宽频带面波震级$M_{S(BB)}$和矩震级$M_W$。

（2）测定的震级之间不应相互换算。

2.震级发布

（1）地震台网在发布地震速报信息时，对能及时测定地震矩$M_0$的地震，应优先选择矩震级$M_W$作为对外发布的震级。

（2）地震台网在发布地震速报信息时，对不能及时测定地震矩$M_0$的地震，应按以下原则确定对外发布的震级：

● 对于$M_L < 4.5$的浅源地震，应选择地方性震级$M_L$为对外发布的震级；

● 对于$M_L \geqslant 4.5$的浅源地震，应选择宽频带面波震级$M_{S(BB)}$为对外发布的震级；

● 对于中源地震和深源地震，宜选择短周期体波震级$m_b$或宽频带体波震级$m_{B(BB)}$为对外发布的震级。

（3）地震台网在编制地震目录时，应同时列出所有测定的震级和对外发布的震级。

3.新闻报道

电视台、广播电台、报纸、杂志和网站等新闻媒体在发布地震信息时，应使用发布的震级$M$。

4.地震应急

根据《国家地震应急预案》的要求，地震灾害发生以后，各级政府应依据发布的震级$M$启动地震应急预案，开展地震应急工作。

# 第三节　新震级国家标准修订过程

2012年，中国地震局成立工作组，启动对新震级国家标准的修订工作，刘瑞丰研究员任组长。在陈运泰院士和许绍燮院士的指导下，中国地震局地球物理研究所、中国地震台网中心和国家海洋环境预报中心组织科技人员开展了相关研究工作和标准编制工作，历经20多次专题研讨和论证，并征求了国际地震学与地球内部物理学协会（IASPEI）震级专家组、国际地震中心（ISC）等国际机构和全球著名地震学专家的意见，同时广泛征求国家相关部委、高等院校、科研机构的意见，历时4年多的时间，于2016年1月完成。

## 一、测震学科及国内外专家的论证

（1）2012年9月25日，中国地震局监测预报司在北京九华山庄组织召开全国测震学科关键技术专家组研讨会议，项目组做了《震级国家标准修订》工作报告，测震学科技术协调组专家对震级测定方法、矩震级测定、震级发布等方面的问题发表了意见。

（2）2013年6月20日，中国地震局监测预报司在北京市裕龙大酒店召开震级国家标准基本技术框架论证会，专家们对技术框架提出了意见和建议，基本技术框架通过了论证。

（3）2013年9月10日，中国地震局监测预报司在地震预测研究所召开震级测定研讨会，对项目组提出的震级测定的关键技术进行了研讨。

（4）2013～2014年，项目组多次征求陈运泰院士、许绍燮院士、德国地学研究中心（GFZ）鲍曼教授、美国地质调查局（USGS）杜威教授的意见。这些国内外专家都提出了一些非常好的建议，这些宝贵的意见对震级国家标准的修订起到了至关重要的作用。

（5）2014年8月14日，项目组主要成员访问国际地震中心（ISC），在ISC做了《IASPEI新震级标度在中国的应用》专题报告，并介绍了我国新震级国家标准修订的基本框架。ISC专家对中国震级国家标准的修订提出了很好的意见，并希望中国地震局能够尽快使用新震级标准，向ISC提供相关数据。

（6）2014年3月21日，测震学科技术协调组在北京召开工作会议，对"震级国家标准修订"工作的关键问题进行了论证，会议确定了震级测定国家标准修订的基本原则，同时提出震级国家标准的修订要从"震级测定方法"和"震级发布规定"这两个方面开展工作。会议还确定了震级测定国家标准修订的主要技术思路。中国地震局监测预报司印发了会议纪要（中震测函〔2014〕28号）。

（7）2014年10月，项目组将震级国家标准修订的技术资料进行整理，完成了《震级的测定》书稿的编写，并请一些专家审核。《震级的测定》一书作为GB 17740—2017的技术资料，于2015年1月由地震出版社出版。

（8）2014年11月30日，项目组将GB 17740—2017的文本发给测震学科组成员，经测震学科协调组全体专家审核后，2014年12月3日由测震学科技术协调组行文《关于测震学科技术协调组重点工作"震级国家标准制订"进展情况汇报的函》（震球函〔2014〕309号）提交监测预报司，认为该工作已取得重要进展，希望对该标准进行"征求意见"和"送审"。

（9）2015年1月，监测预报司向全国各省、自治区和直辖市地震局以及地震局直属单位征求对新震级国家标准的意见。截至2015年3月，共收到意见、建议44条。项目组进行逐条整理和研究，其中采纳27条，部分采纳5条，不采纳12条。

（10）2015年7月29日，监测预报司组织测震学科组专家对"全国分区地方性震级量规函数测定"和"国家地震台站面波震级台基校正值测定"进行了评审，并建议在新震级标准中使用五大区域地方性震级量规函数。

## 二、IASPEI震级专家组的论证

我国新震级国家标准GB 17740—2017文本编写完成以后，根据测震学科技术协调组的要求，项目组就新震级国家标准的要点向IASPEI震级测定专家组进行咨询。2013年3月6日，IASPEI震级测定专家组组长鲍曼教授对我国新震级国家标准给予了很高的评价，对文本体系框架给予了充分的肯定。他认为中国无论是在IASPEI新震级标准的制定和应用，还是在国际地震中心（ISC）数据的使用方面都发挥了至关重要的作用，中国新震级国家标准既考虑到震级测定的连续性，又科学地充分利用宽频带数字地震资料的特点，对其他国家和地区的震级测定具有重要的引领和示范意义。

## 三、在国家标准化管理委员会立项

2013年6月新震级国家标准基本技术框架已经确定，并通过中国地震局监测预报司组织的专家组论证，基本完成了震级国家标准修订的技术准备工作。

（1）2013年7月1日，经中国地震局政策法规司会同监测预报司签报局领导批准，正式行函国家标准化管理委员会（中震函〔2013〕133号），建议将国家标准《地震震级的规定》（修订）作为2013年国家标准立项。

（2）2013年11月15日，基于该标准的强制性属性，国家标准化管理委员会组织专家对震级国家标准的技术框架进行了论证，并将该标准修订后作为国家强制性标准。

图1-2　国家标准化管理委员会通知

（3）2014年9月26日，国家标准化管理委员会在其网站上征求意见，将GB 17740—1999《地震震级的规定》等133项作为2014年第一批立项的国家强制性标准，并于2014年9月26日发文（国标委综合〔2014〕67号），将之正式列入2014年国家标准修订计划（计划编号20140230-Q-419）。国家标准化管理委员会在网站上的通知见图1-2。

## 四、专题汇报

2015年8月17日，中国地震局党组成员、副局长牛之俊同志听取震级国家标准修订工作专题汇报，来自监测预报司、测震学科技协调组、地球物理研究所和中国地震台网中心的领导和专家参加会议。会议听取了"震级国家标准修订工作组"负责人关于"中华人民共和国国家标准：GB 17740—1999《地震震级的规定》修订"工作汇报，并就震级标准修订的科学依据、实施应用以及国家标准颁布实施的总体进度、任务分工等方面进行了深入讨论。中国地震局网站的报道见图1-3。

图1-3　中国地震局网站对牛之俊副局长听取震级国家标准的报道修订工作专题汇报

## 五、中国地震局科技委论证

2015年9月18日，中国地震局科学技术委员会在北京召开了国家标准GB 17740—1999《地震震级的规定》修订评审会，5位院士和科技委专家参加了评审。

评审组认为，新修订的震级国家标准充分考虑了震级测定的连续性问题，也充分体现了宽频带数字地震记录的特点，并引进了国内外地震观测技术的最新成果，实现了与IASPEI新震级标度和国际主要地震机构测定震级的接轨，可以满足我国地震监测预报、震害防御、应急救援、科学研究等实际需求，一致同意予以论证通过。国务院在其网站的"部门新闻"栏目中对"新修订震级国家标准通过中国地震局科技委评审"进行了报道（图1-4）。

图1-4 国务院网站对震级国家标准通过评审的报道

## 六、在全国范围征求意见

2015年10月，中国地震局政策法规司和全国标准化技术委员会分别向中国科学院、国家海洋局、教育部等13个部委，各省、自治区、直辖市地震局和各直属单位共46个单位，以及相关领域专家征求对国家标准《地震震级的规定》的意见。

到2015年11月底，回复无意见的单位有国家发改委、交通运输部、国资委、国家铁路局、辽宁省地震局、上海市地震局、吉林省地震局、河南省地震局、天津市地震局、青海省地震局、广东省地震局、湖北省地震局、湖南省地震局、山西省地震局、重庆市地震局、福建省地震局、山东省地震局、黑龙江省地震局和二测中心等19个单位，回复无意见的专家有4人。

回复有意见的单位有教育部、住房城乡建设部、国土资源部、中国科学院、中国地质科学院、国家海洋局、安徽省地震局、陕西省地震局、中国地震局地球物理研究所等9个单位，回复有意见的专家15人，共收到意见和建议88条。

项目组对所有的意见进行了认真梳理，对《地震震级的规定》的相关条款进行了修改，其中采纳的有78条，部分采纳有4条，不采纳有6条。不采纳的主要在术语和定义部分，这部分基本都是引用已有的术语和定义。

## 七、标准审查

2016年1月7日，全国地震标准化技术委员会在北京组织召开强制性国家标准《地震震级的规定》（修订）审查会。审查专家组由全国地震标准化技术委员会部分委员以及北京大学、中国科技大学、中国地质科学院、中国科学院、中国地震局所属单位的专家共28人组成。中国地震局网站对新震级国家标准审查会的报道见图1-5。

图1-5　中国地震局网站对新震级国家标准通过审查的报道

审查会共整理12条意见，其中10条采纳，2条不采纳。不采纳的2条涉及"震源"和"震级"的定义，其中"震源"已在[GB/T 18207.1—2008，定义3.2]有定义，本标准只是引用；而"震级"用"对地震大小的量度"更为准确，因为地震辐射能量只是地震能量的一部分。

审查专家组经过认真审查、质询和讨论，并经过表决，一致通过了该标准文本。

标准编制工作组根据审查意见和建议，对标准文本作了进一步修改完善，经中国地震局政策法规司审定后报国家标准化管理委员会审批。

# 第二章 新震级国家标准的特色

强制性国家标准GB 17740—2017是GB 17740—1999的修订版，GB 17740—2017发布实施以后，将取代GB 17740—1999。GB 17740—2017在震级测定方法、发布规则等方面都有很大的变化。

## 第一节 震级国家标准的发展历程

从20世纪50年代起，我国的地震台站开始测定震级，随着台站数量的不断增加，需要对台站建设、仪器配置、日常运行、震级测定、震相分析等方面的工作进行规范。20世纪70年代，国家地震局开始制订《地震台站观测规范》，后来根据实际工作的需求对《地震台站观测规范》进行了修订。在台站测定的地震参数中，震级在新闻报道、科普宣传、地震应急、防震减灾等社会应用方面是一个重要的参数。为了规范震级的测定和社会应用，在1999年制定了震级国家标准GB 17740—1999《地震震级的规定》。

### 一、观测技术规范

为了使我国地震台站的日常工作科学、规范，不断提高地震观测资料质量，1977年10月28日国家地震局颁发了《地震台站观测规范》（国家地震局，1978），主要包括地震台站选址、地震台站建设、地震仪器安装、地震仪工作常数的测定和检查、日常观测和资料处理等内容。这是我国颁布的第一部地震台站观测技术规范，标志着我国的地震观测工作从此进入了一个规范化的发展阶段。

1990年，国家地震局组织专家对1977年发布的《地震台站观测规范》进行修订，于1990年6月正式颁布（国家地震局，1990）。该规范对I类台和Ⅱ类台的观测仪器配置提出了明确要求，进一步规范了台站选址、台站建设、仪器安装、仪器标定、时间服务、脉冲标定、震相分析、震级计算、地震速报和台站观测报告编辑等工作，使我国的地震监测工作逐步实现了科学化和规范化。

2001年中国地震局建设了由48个台站组成的国家数字地震台网、由256个台站组成的20个区域数字地震台网、由107个台站组成的首都圈数字地震台网。为适应数字地震观测的实际需求，中国地震局组织编写了《地震及前兆数字观测技术规范（地震观测）》（试行）（中国地震局，2001），于2001年8月正式出版发布，该规范一直使用至今。

（a）1977版　　　　（b）1990版　　　　（c）2001版

图2-1　我国颁布的三代地震观测技术规范

## 二、GB 17740—1999

1979年我国开展国际地震观测资料交换，后来发现我国测震的震级经常与国际传媒报道的震级有一定差异，特别是对于发生在我国的5.0～7.0级地震，测定的平均值偏大0.4级左右（许绍燮，1999），为了规范地震震级的测定和社会应用，1997年国家地震局地球物理研究所等单位的专家开始进行震级国家标准的制定工作。

在国家地震局相关部门的积极努力下，GB 17740—1999《地震震级的规定》列入1997年国家质量技术监督局制订的国家标准计划项目。在许绍燮院士的带领下，项目组收集了大量制订此标准所需的文件、资料，对国内外社会应用震级的情况作了分析对比，提出了可供选择的几种震级标准化方案，明确了不同方案的利弊，并取得了两点共识：一是震级测定标准当时在国际上尚未取得一致，二是当前震级标准化应以保持我国震级体系为妥。1999年，工作组完成了震级国家标准GB 17740—1999《地震震级的规定》的制定工作。

（1）发布时间：1999年4月26日。

（2）实施时间：1999年11月1日。

（3）测定方法：规定了面波震级$M_S$测定方法。

（4）发布规则：将面波震级$M_S$作为对外发布的震级。

## 三、GB 17740—2017

GB 17740—2017是在中国地震局监测预报司领导下和测震学科技术协调组的指导下完成的。2011年7月14日，全国测震学科关键技术研讨会在上海召开，测震学科技术协调组和有关区域地震台网的专家参加研讨，会议重点对地震的震级和震源深度测定进行了深入的研讨，并决定对震级国家标准GB 17740—1999进行修订。

项目组主要成员开展了基于宽频带数字地震资料的震级测定研究、中国地震台网不同震级之间的对比研究、中国地震台网与美国地震台网测定震级对比研究、IASPEI新震级标准制定和IASPEI新震级标度在中国应用等方面的工作，这些研究成果为震级国家标准修订打下了坚实的基础。

2013年6月，新震级国家标准基本技术框架已经确定，并已经通过中国地震局监测预报司组织的专家组论证，基本完成了震级国家标准修订的技术准备工作。2014年9月GB 17740—1999《地震震级的规定》修订列入2014年国家标准修订计划（计划编号20140230-Q-419）。2016年1月通过全国地震标准化技术委员会审查。

（1）发布时间：2017年5月12日。

（2）实施时间：2017年12月1日。

（3）测定方法：规定了地方性震级$M_L$、短周期体波震级$m_b$、宽频带体波震级$m_{B(BB)}$、面波震级$M_S$、宽频带面波震级$M_{S(BB)}$和矩震级$M_W$等6种震级的测定方法。

（4）发布规则：将矩震级$M_W$作为对外发布的首选震级。

## 第二节　GB 17740—2017主要特点

震级标度体系建设是我国防震减灾各项工作的基础，不仅要考虑地震台网在震级测定的每一个具体环节，也要考虑到科学研究、地震预报、地震应急、地震灾害评估和科普宣传等方面的应用需求。同GB 17740—1999相比，GB 17740—2017的主要特点如下：

## 一、测定方法更科学

震级的测定是地震学的基本问题之一，国内外许多科研人员投入了大量精力开展震级测定方法研究，并取得了一些重要的进展。新震级标度的建立要充分利用宽频带数字地震记录的特点，使震级能够尽可能表示地震能量的大小，能够为防灾减灾和地震科学研究服务。

1. 宽频带震级的测定，发挥了数字化台网优势

GB 17740—2017规定了宽频带面波震级$M_{S(BB)}$和宽频带体波震级$m_{B(BB)}$的测定方法，$M_{S(BB)}$适用的面波周期范围是$3s<T<60s$，$m_{B(BB)}$适用的体波周期范围是$0.2s<T<30.0s$，在比较宽的频率范围内，都能正确表示地震能量的大小。

测定$M_{S(BB)}$，一是能够充分发挥宽频带数字地震资料的特点，适用面波周期范围较宽；二是在测定方法上与国际接轨，在测定结果上不会与国际主要地震机构存在系统偏差；三是对于6.0级以上地震，其$M_{S(BB)}$与矩震级$M_W$相差较小，一般在0.1以内（刘瑞丰等，2015）；四是直接用速度量测定，不用仿真，便于计算机自动处理，适用于地震速报。

测定$m_{B(BB)}$是直接用速度量，不用仿真，便于计算机自动处理。研究结果表明对于6.0级以上地震，$m_{B(BB)}$与$M_W$的差别不大，在一般情况下测定$m_{B(BB)}$只需1～2分钟，而测定$M_W$需要大约20分钟。德国地学研究中心（GFZ）在援建印度尼西亚的地震海啸预警台网时，已将$m_{B(BB)}$在地震海啸预警中应用，取得了很好的效果（刘瑞丰等，2015）。

2. 矩震级的测定，逐步与国际接轨

GB 17740—2017规定了矩震级的测定方法，并将矩震级作为对外发布的首选震级。矩震级反映的是震源的静态特性，与地震矩$M_0$有关，与地震的构造成因有着更密切的关系，可用地震波形反演的方法或位移谱的低频渐近趋势求得。目前矩震级已成为世界上大多数地震台网和地震机构优先使用的震级标度。

矩震级$M_W$是一个均匀的震级标度，不会产生震级饱和现象，无论是对大震还是对小震、微震甚至极微震，无论是对浅震还是对深震，均可测量地震矩。2011年3月11日日本东北部发生了一次强烈地震，由于面波震级$M_S$出现饱和现象，当时中国地震台网中心按国家标准GB 17740—1999发布该地震的震级是$M_S$8.7，而美国国

家地震信息中心（NEIC）、日本气象厅（JMA）发布的该地震的震级是$M_W9.0$，使得我国发布的震级比国际主要地震机构发布的震级偏小0.3级。如果按GB 17740—2017的规定，我国发布的该地震的震级也是$M_W9.0$。

3. 体波震级的测定，扩大了选取资料范围

按《地震及前兆数字观测技术规范（地震观测）》的要求，在测定短周期体波震级$m_b$时，一般在P波到时之后5s之内测定体波的最大振幅和其相应的周期，对于6.0级以上地震，震源平均破裂时间要超过5s，使得地震大于6.0时$m_b$出现震级饱和现象，而对于6.5级以上地震则$m_b$处于完全饱和状态。

GB 17740—2017规定了短周期体波震级$m_b$的测定方法，在测定$m_b$时要选用整个P波震相序列最大振幅（包括P、pP、sP，甚至可以为PcP及其尾波，一般取在PP波之前）。由于选择资料的时间窗变大，使得$m_b$的饱和值达到7.5级，同《地震及前兆数字观测技术规范（地震观测）》相比更能准确地衡量地震的大小，尤其对于高辐射能量的较大地震更为准确。

## 二、测定结果更准确

GB 17740—1999《地震震级的规定》规定了地震震级的测定方法，即使用两水平向资料测定面波震级$M_S$，并将$M_S$作为对外发布的震级。实际使用结果表明，我国测定和发布的震级总体上要比国际上主要地震机构测定的震级偏高0.2级，并且大陆地区地震比西太平洋地震带地震的测定结果偏高更多。

随着地震学家对地球内部结构研究的深入和地震观测仪器精度的不断提高，震级标度也在不断发展，使得测定地震大小的精度在不断提高。2012年国际地震学与地球内部物理学协会（IASPEI）根据全球的最新研究成果，制订了IASPEI震级标准，推荐给各个国家使用。GB 17740—2017就是基于IASPEI推荐的震级标准，并结合中国大陆地震波衰减特性和我国使用的地震仪器特性，制订的新国家标准。中国地震局地球物理研究所、中国地震台网中心和国家海洋环境预报中心的一些技术人员全程参与了该项工作，为修订我国震级国家标准创造了非常有利的条件。

GB 17740—1999只规定了面波震级的测定方法。GB 17740—2017充分汲取了国内外最新研究成果，与IASPEI推荐的新震级标准相衔接。新标准规定了地方性震级$M_L$、短周期体波震级$m_b$、宽频带体波震级$m_{B(BB)}$、面波震级$M_S$、宽频带面波震级$M_{S(BB)}$、矩震级$M_W$等6种震级的测定方法，测定结果更准确。对外发布的震级与国际

上主要地震机构发布的震级相一致，没有系统偏差。

### 三、测定速度更快捷

在新震级标度中，$m_{B(BB)}$ 与 $M_{S(BB)}$ 都是宽频带震级，能够充分发挥数字地震仪器的宽频带、大动态特点。并且在原始速度型宽频带记录上直接测定，便于计算机自动测定，能够在地震速报中发挥作用，更能满足地震应急的需求。因此在台网日常工作中要测定这两个宽频带震级。

从2013年4月1日起中国地震局自动地震速报系统投入运行，在一般情况下对于中东部地震在1分钟内测定出地震参数，2分钟内将地震信息发布到相关人员的手机上，并通过中国地震局网站（http://www.cea.gov.cn）、中国地震信息网(http://www.csi.ac.cn)、新浪微博、腾讯微博、新华社、中央电视台等媒体向社会公众发布，为地震应急工作赢得了宝贵的时间。

### 四、发布规则更合理

GB 17740—2017将矩震级作为对外发布的首选震级，这样就与国际主要地震机构发布的震级相一致。矩震级实质上就是用地震矩来描述地震的大小，地震矩是震源的等效双力偶中的一个力偶的力偶矩，是继地震能量后的第二个关于震源定量的特征量，一个描述地震大小的绝对力学量，它是目前量度地震大小最理想的物理量。

对于不能及时测定矩震级的地震，GB 17740—2017规定了发布震级的确定方法，确保在第一时间将地震参数快速向社会发布，以满足地震应急、地震预报和新闻报道等实际需求。

## 第三节　GB 17740—2017技术要点

从地震监测的角度看，震级分为测定的震级和发布的震级。测定的震级是由地震台网实际测定，测定的震级应有下角，如：地方性震级 $M_L$、短周期体波震级 $m_b$、宽频带体波震级 $m_{B(BB)}$、面波震级 $M_S$、宽频带面波震级 $M_{S(BB)}$ 和矩震级 $M_W$ 等。根据GB 17740—2017的要求，地震台网给出了测定的震级以后，在发布地震速报信息时要给出发布的震级，发布的震级是从测定的震级中选择确定，没有下角，用 $M$ 表示。GB 17740—2017主要技术要点有以下内容。

## 一、地方性震级测定

1935年里克特提出的地方性震级计算公式只适用美国加利福尼亚地区，使用的仪器是伍德-安德森短周期地震仪器，明显存在一定的局限性。20世纪50年代中期，鉴于中国地震台上并非安装用于建立里克特地方性震级$M_L$的伍德-安德森标准地震仪，因此里克特提出的震级标度不能原封不动地照搬至中国。1959年李善邦先生根据我国所使用的地震仪器特性和我国华北地区的地震波衰减规律，将原始形式的地方性震级传递到中国，得到了我国地方性震级的计算方法和量规函数。

我国地域辽阔，地质构造复杂，地震波衰减的区域性差异比较明显，全国不同地区采用同一个量规函数显然不够合理，因此有必要建立分区地方性震级的量规函数。几十年来，我国地震台网已经积累了大量的地震观测资料，为建立分区地方性震级的量规函数创造了良好的条件（王丽艳等，2016）。

项目组组织全国31个省、自治区和直辖市地震局地震监测中心的业务人员利用一年多的时间对1973年以来不同数据格式、不同存储介质的历史震相数据，按统一的数据格式进行录入和整理，共收集整理了全国31个省级地震台网1308个台站的震相数据，1.0级以上地震共计105282个，地震资料375744组。所使用的地震台站分布如图2-2所示，地震的震中分布如图2-3所示。

项目组使用上述地震观测资料，分别得到了东北与华北地区、华南地区、西南地区、青藏地区、新疆地区等5个区域的地方性震级的量规函数$R_{11}(\Delta)$、$R_{12}(\Delta)$、$R_{13}(\Delta)$、$R_{14}(\Delta)$、$R_{15}(\Delta)$。

GB 17740—2017规定在测定地方性震级$M_L$时，要使用新量规函数，新量规函数分区见图2-4。五大分区及其对应的量规函数所适用的区域分别为：

东北与华北地区量规函数$R_{11}(\Delta)$：黑龙江、吉林、辽宁、内蒙古、北京、天津、河北、山西、山东、河南、宁夏、陕西。

华南地区量规函数$R_{12}(\Delta)$：福建、广东、广西、海南、江苏、上海、浙江、江西、湖南、湖北、安徽。

西南地区量规函数$R_{13}(\Delta)$：云南、四川、重庆、贵州。

青藏地区量规函数$R_{14}(\Delta)$：青海、西藏、甘肃。

新疆地区量规函数$R_{15}(\Delta)$：新疆。

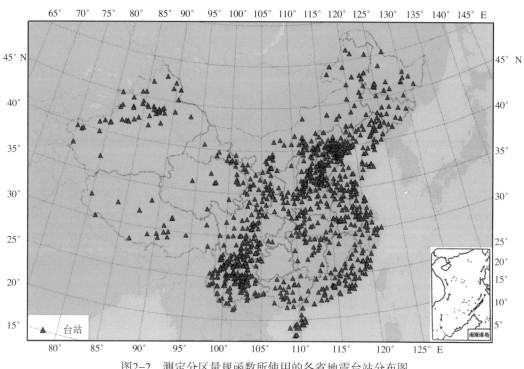

图2-2　测定分区量规函数所使用的各省地震台站分布图

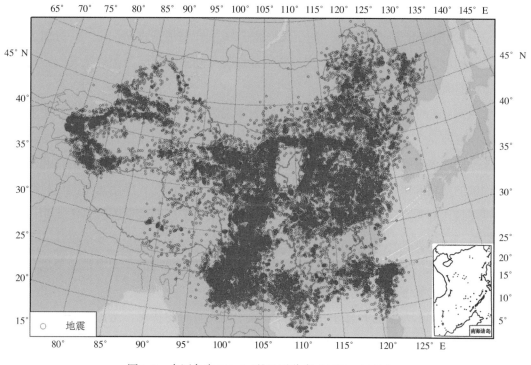

图2-3　全国各省$M_L \geqslant 1.0$的地震分布（1973～2002）

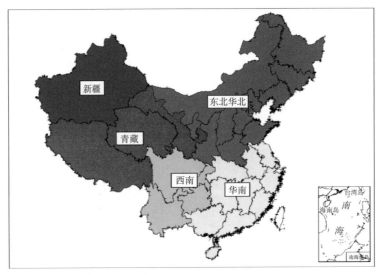

图2-4　新量规函数分区图

## 二、面波震级测定

GB 17740—2017规定了面波震级$M_S$和宽频带面波震级$M_{S(BB)}$的测定方法，主要从以下几个方面考虑：

（1）测定$M_S$要使用两水平向记录，测定$M_{S(BB)}$要使用垂直向记录，一方面可以从不同的角度描述地震的大小，另一方面能够充分利用地震震源辐射的具有不同振动方向的面波信息。

（2）$M_S$的测定方法与《地震及前兆数字观测技术规范（地震观测）》要求一样，一方面是为了继续保持我国几十年来面波震级测定的连续性，另一方面是由于两水平向面波包括具有扭转和剪切成分的勒夫波，也包括具有膨胀成分的瑞利波，而面波的扭转和剪切成分对地面建筑的破坏更为严重。因此，使用水平向资料测定面波震级比同垂直向测定的面波震级更能反映地震所造成的破坏程度。例如2014年8月3日云南鲁甸$M_S$6.5地震，虽然震级不大，但对地面建筑产生了严重的破坏，主要原因是该地震的震源机制是走滑断层，在水平向扭转和剪切的勒夫波占主要成分，水平向面波的幅度比垂直向面波大得多。

（3）测定$M_{S(BB)}$能够充分发挥宽频带数字地震资料的特点，适用面波周期范围为3～60 s；在测定方法上与国际接轨，在测定结果上不会与国际主要地震机构存在系统偏差。

### 三、体波震级测定

GB 17740—2017规定了短周期体波震级$m_b$和宽频带体波震级$m_{B(BB)}$的测定方法，与《地震及前兆数字观测技术规范（地震观测）》相比，GB 17740—2017在测定体波震级时有一定变化：

（1）测定$m_b$和$m_{B(BB)}$时，只使用P波波列（包括P，pP，sP，甚至可以为PcP及其尾波，一般取在PP波之前），而不使用PP和S波。

（2）测定$m_{B(BB)}$时直接用速度量，不用仿真，便于计算机自动处理。

### 四、矩震级测定

矩震级是GB 17740—2017要求重点测定的震级，国家地震台网中心和区域地震台网中心要测定矩震级，地震台站不要求测定。

测定矩震级的关键是测定地震矩，从理论上讲如果能够得到可靠的地震矩$M_0$，就可以计算出可靠的矩震级$M_W$，大地震和小地震测定地震矩的方法有所不同。通过多年发展测定地震矩的方法已经很成熟，国内许多研究人员开展了这方面的工作（陈运泰等，2000；姚振兴等，1994；许力生等，2007；张勇等，2009；赵翠萍等2008；刘超等，2010；高景春等，2011；王卫民等，2013；康英等，2004；陈宏峰等，2014；赵旭等，2014；杨军等，2014）。中国地震台网中心、中国地震局地球物理研究所、中国地震局地震预测研究所等单位已经实现了计算机自动测定震源机制和矩震级。

### 五、震级的发布

地震发生以后，中国地震台网中心、有关省级地震台网中心都要测定地方性震级$M_L$、面波震级$M_S$、宽频带面波震级$M_{S(BB)}$、短周期体波震级$m_b$、宽频带体波震级$m_{B(BB)}$和矩震级$M_W$等多种震级，为地震学研究提供基础资料，并按GB 17740—2017中4.2的规定，确定对外发布的震级，并将矩震级$M_W$作为对外发布震级的首选。

# 第三章 震级的测定及发展

地震发生后，人们首先关注的问题之一是这次地震有多大？

自古以来，人类就对地震这种自然现象进行观察和测量，试图对地震的大小进行描述和测定。如果回到几百年前，我们肯定得不到像"在某地发生×级地震"的类似答案，而是一系列关于地震破坏的宏观描述。1900年以前，世界各国对地震的研究主要以宏观观测和定性研究为主。从事历史地震研究的人员一般都是根据历史文献、地方志等资料，或经过现场考察的方法来确定历史地震的大小。1900年以后，世界各国才陆续建设了一些地震台站，使用现代地震仪器记录地震，并逐步使用地震仪器测定地震的震级。

## 第一节 震级的测定方法概述

历史上，曾使用烈度估算震级和仪器测定震级这两种方法来确定地震的大小。在这两种方法中，只有仪器测定的方法是使用现代地震仪器记录，按震级计算公式测定出地震的震级；而用烈度估算震级则是通过史料记载和现场考察的方法，先根据地震的破坏程度来确定地震烈度分布，再根据地震烈度估算出震级的大小。

### 一、烈度估算震级

在地震仪器没有发明之前，人们只能通过史料记载，或通过现场考察的方式将地震现场调查到的地震宏观现象分门别类进行统计、比较，然后归纳为评判地震强弱的各种判据，从而得到地震烈度的分布。地震烈度一般通过实地宏观调查综合得出，如地震对建筑物、地形等的影响效应。

在一般情况下，震中区域烈度最高，该处烈度称为震中烈度，用$I_0$表示。烈度是以度表示的，目前我国使用XII度的烈度表。由于我国幅员辽阔，考虑到区域性特点，不同地区震级–烈度关系有一些差异，在《中国历史强震目录》（国家地震局震害防御司，1995）中使用了分区震级–烈度关系。

$$大陆东部地区　M_S=0.579I_0+1.403$$
$$大陆西部地区　M_S=0.605I_0+1.376$$
$$中国台湾地区　M_S=0.507I_0+2.108$$

对于史料记载没有破坏的地震，但波及范围又较大的地震，在《中国历史强震目录》（国家地震局震害防御司，1995）中给出了VI度线等效圆半径$R$（单位：km）与震级$M$的关系。

$$东部地区　M=1.60\lg R+2.12$$
$$西部地区　M=1.68\lg R+2.24$$

从以上介绍可以看出，对于无仪器记录的历史地震，如果能够确定震中烈度$I_0$，就可以估算出地震的震级；对于史料记载的地震，如果无法确定震中烈度$I_0$，可利用VI度线等效圆半径$R$来估计地震的震级。历史上曾利用史料记载、现场考察的方式来确定震中烈度$I_0$和VI度线等效圆半径$R$。

## 1. 史料记载

地震始于何时，无从知晓，很可能自地球形成以来，在未有人类之前，早已很普遍，且可能比现在更凶猛。如此说来，任何文字记载，与天地存在历史相比，都是很短暂的（李善邦，1981）。

我国历史有文字记载的约4000年，有地震记录最早可以追溯到公元前1831年的山东地震，史料记载为"泰山震"，也就是说我国最早记录地震的史料已经有3800多年了；到公元前780年起中国北方的地震记载就已经比较完整了（Bolt，2000）。在《国语》卷1《周语》中记载了公元前780年（周幽王二年）陕西岐山地震："幽王二年，西周三川皆震。……是岁也，三川竭，岐山崩"。在《诗经》中记载了"烨烨震电，不宁不令。百川沸腾，山冢崒崩。高岸为谷，深谷为陵"；在《汉书·五行志》中记载了公元前70年6月1日（汉宣帝本始四年四月壬寅）山东诸城、昌乐一带地震："本始四年四月壬寅地震，河南以东四十九郡皆震，北海琅琊坏祖宗庙城廓，山崩水出，杀6000余人。被地震坏败者，勿收租赋"（国家地震局震害防御司，1995）。

有些历史记载如此之详细，现代研究人员可以据此了解当时地震的破坏分布情况，从而判断出地震的大小。如1556年2月2日（明嘉靖34年12月12日子时）陕西华县发生了一次强烈地震，造成83万人死亡，这是人类有记录以来死亡人数最多、损失最大的一次地震。据史料记载该地震使陕西、山西、河南3省97州县遭受破坏，波及陕西、山西、河南、甘肃、河北、山东、湖北、湖南、江苏、安徽等10省130余县。余震月动三五次者半年，未止息者三载，五年渐轻方止。

秦晋之交，地忽大震，声如万雷，川原坼裂，郊墟迁移，道路改观，树木倒置，阡陌更反。五岳动摇，寰宇震殆遍。陵谷变迁，起者成阜，下者成壑，或岗阜陷入平地，或平地突起山阜，涌者成泉，裂者成涧，地裂纵横如画，裂之大者水火并出。井泉涸废，新泉涌流，喷高丈余。山移河徙四五里。涌沙、陷没互数千里。华山诸峪水北潴沃野。渭河涨壅数目。华县、渭南、华阴及朝邑、蒲州等处尤甚。郡城邑镇皆隐没，塔崩、桥毁、碑折断，城垣、庙宇、官衙、民庐倾颓摧圮，一望丘墟，人烟几绝两千里；四处起火、数日火烟未灭；民天寒露处，抢掠大起。军民因压、溺、饥、疫、焚而死者不可胜计，其奏报有名者83万有奇，不知名者复不可数。

极震区位于华县、渭南。在华县山川移易，道路改观，屹然而起者成阜，坎然而下者成壑，倏然而涌者成泉，忽然而裂者成涧；民庐官廨，神字城池，一瞬而圮，堵无尺竖，惨不可言。民之死者十之六，伤者数万、间有生者，亦病不能兴。地在皆裂，裂之大者，水出火出，怪不可状。有人坠入水穴而复出者，有坠入水穴之下地复合，他日掘一丈余得之者。饰谷山寺水泉泪废。唐郭忠武王碑折其半。在渭南公私庐舍、寺庙、宝塔、庙学一时尽圮，城池之楼橹墙堑倾埋殆尽，城门陷入地中。县东15里塬移路凸，城中人和街北，自县治至西城陷丈余。城东旧东赤水山，山甚高大，山岗陷入平地，高处不盈寻丈。县东神川塬上原有五指山，震后毁削无存。地裂数十处，水涌，有薪、有船板、有鲜黄瓜，深者二三丈。人之死者什五（一说死数万人），一夜震20余次，人人自危。山西、陕西、宁夏、河南、河北、山东、甘肃、湖北、湖南、安徽、江苏等省的很多县都有对于该地震的记载。现代地震工作者根据这些记载，确定地震位置在34.5°N、109.7°E，震中烈度为XI度，震级为8¼级（国家地震局震害防御司，1995）。

1679年9月2日（清康熙十八年七月二十八日）三河—平谷地震是当时北京附近的大地震，在121个州府县志中都有记载，在清《三冈识略》卷8中就有这样的记载："七月二十八日巳时初刻，京师地震……是夜连震3次，平地坼开数丈，德胜门下裂一大沟，水如泉涌。官民震伤不可胜计，至有全家覆没者。二十九日午刻又大震，八月初一日子时复震如前，自后时时簸荡，十三日震二次。……二十五日晚又大震二次。……积尸如山，莫可辨认。通州城房坍塌更甚。空中有火光，四面焚烧，哭声震天。有李总兵者携眷八十七口进都，宿馆驿，俱陷没，止存三口。涿州、良乡等处街道震裂，黑水涌出，高三四尺。山海关，三河地方平沉为河。环绕帝都连震一月，举朝震惊"。现代地震工作者根据这些记载，确定地震位置在 40.0°N、117.0°E，震中烈度为Ⅺ度，震级为8.0级。

### 2. 现场考察

从事地震现场调查，一般从以下3个方面进行。

（1）人的感觉。烈度为Ⅰ～Ⅵ度以地面上人的感觉为主，从无感到使人惊逃，在许多不同的情况中，选取判断。例如：烈度为Ⅰ度时，人类无感，仅仪器能记录到；烈度为Ⅱ度时，反应比较灵敏的人有感；烈度为Ⅲ度时，少数人有感；烈度为Ⅳ度时，多数人有感；烈度为Ⅴ度时，人会在睡梦中惊醒；烈度为Ⅵ度时，人们会惊慌。

（2）人工设施的破坏。烈度为Ⅵ～Ⅹ度以房屋震害为主，人的感觉仅供参考。对于不同的建筑，破坏情况各异，从中分类归纳，作为判据。烈度为Ⅳ度时，悬挂物摆动，不稳器皿作响；烈度为Ⅴ度时，门窗作响，墙壁表面出现裂纹；烈度为Ⅵ度时，器皿翻落，简陋棚舍损坏；烈度为Ⅶ度时，房屋轻微损坏，牌坊、烟囱损坏；烈度为Ⅷ度时，建筑物破坏，房屋多有损坏，少数破坏；烈度为Ⅸ度时，建筑物普遍破坏，房屋大多数破坏，少数倾倒，牌坊、烟囱等崩塌，铁轨弯曲；烈度为Ⅹ度时，建筑物普遍摧毁，房屋倾倒，道路毁坏。

（3）自然环境的破坏。烈度为Ⅺ度和Ⅻ度以房屋破坏和地表破坏现象为主。地震对山、川、河流等自然环境的破坏，使自然环境为之改变，从中选取材料，作为判据。例如：烈度为Ⅺ度时，地表产生很大变化；烈度为Ⅻ度时，山川易景，一切建筑物普遍毁坏，地形剧烈变化，动植物遭毁灭。

1920年12月16日我国宁夏海原发生了强烈地震，造成24万人死亡，毁城四座，数十座县城遭受破坏。它是中国历史上一次波及范围最广的地震，宁夏、青海、甘肃、陕西、山西、内蒙古、河南、河北、北京、天津、山东、四川、湖北、安徽、江苏、上海、福建等17地有感，有感面积达251万km²。海原地震还造成了中国历史上最大的地震滑坡。地震发生时山崩土走，有住室随山移出二三里。灾区有的一间窑洞压死100多人；有的村庄300多口人在山崩时同葬一穴。死者陈尸百里，伤者遍地哀嚎，野狗群出吃人，灾民情景惨不忍睹（中国地震局震害防御司，1999）。

当时各地的县志等历史资料记录比较详细。该地震造成东六盘山地区村镇埋没、地面或成高陵或成陷深谷，山崩地裂，黑水横流，海原、固原等四城全毁。只海原一县死73604人，死亡为59%。全区因地震死伤者不下20万人。据解放后调查：断裂带东南起于海原县李俊堡，经肖家湾、西安州和干盐池至景泰，全长200km，断裂的总体走向为北偏西50°～70°，在肖家湾向东南转为南偏东10°～20°。在整个断裂带上以李俊堡至干盐池一段断裂较为发育。

极震区的海原、西吉破坏最为严重。在海原全城房房荡平，倒损房屋26912间，塌窑洞26689座。山河变易，山崩地裂，黑水喷涌。全县死73604人，伤4523人，牲畜死41638头，伤2854头。在西吉回教首领马元璋合家60余口及教徒五六百名同时遇难，回汉人民死伤数万人。县城附近之苏家河全村36户，130余间民房全部倒塌，堡子墙塌成一土埂。附近崖坎崩滑，村庄覆没，大路裂缝，长3～4丈，宽1丈，中段下陷3～4尺，压死36人。固原、静宁、会宁、通渭、隆德、秦安、天水、同心、宁县、甘谷、庆阳、合水、靖远、泾川、环县、礼县、清水、灵武、金积、中卫、庄浪、张家川、陇西、西和、灵台、榆中、临潭、临洮、漳县、正宁、岷县、两当、阴平、武山、陇县、岐山、凤翔、渭原、镇原、崇信、平凉、华亭、银川、兰州、宁朔、徽县、永登、灵石、临泽、武威、西宁、旧红水、成县、临夏、武都、洮沙、平罗、盐池、华阴、华县、榆林、西安、洪洞、渭南、宝鸡、太原、临汾、介休、榆次、开封、洛阳、汉口等多地受到严重破坏，伤亡人数、倒塌房屋，以及对山川、河流的破坏各地都有比较详细的记载。有感范围很大，东至东海之滨，西到青海、四川，南到江苏、福建，北到内蒙古都有关于这次地震的记载。现代地震工作者根据现场考察，确定该地震的等震线图（图3-1），宏观震中为36.5°N、105.7°E，震中烈度定为Ⅻ度，震级为8½级。

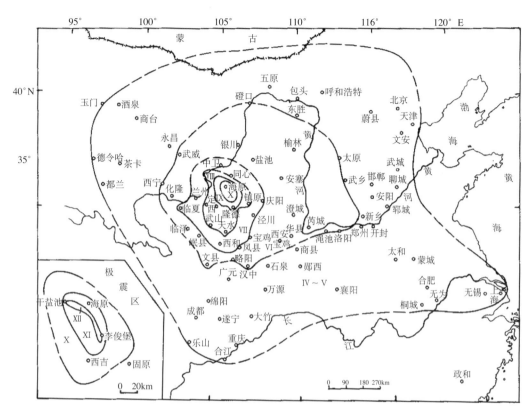

图3-1　海原地震等震线图

（中国地震局震害防御司，1999）

## 二、仪器测定震级

我国是开展地震观测比较早的国家，早在公元132年我国东汉时期的张衡就发明了候风地动仪，公元138年设置在河南洛阳的一台候风地动仪检测到了一次发生在甘肃省内的地震，这是人类历史上第一次用地震仪器检测到远处发生而在仪器所在地无感的地震。候风地动仪实际上是验震器，并不能记录地震。

从1875年意大利科学家切基（Cecchi）发明第一台近代地震仪器以后，随着科技的发展，使得地震仪器能够记录完整的地震记录图，即由地震产生的地震波传播所引起的地面运动记录。与此同时地震学家开始对地震记录图进行分析解释，能够准确地测定地震发生的时间、位置（经度、纬度和深度）和震级等地震基本参数，并在板块构造学说的建立、地球内部构造研究、俯冲带概念的提出以及震源机制测定等方面都取得了突破性进展，使得地震学逐步发展成一门定量科学，即定量地震学。

27

张衡
（公元78～139年）

中国东汉时期著名的科学家。字平子，南阳郡西鄂县（今河南省南阳县石桥镇）人，生于后汉章帝建初三年（公元78年），卒于顺帝永和四年（公元139年）。自幼勤奋好学，多才多艺。曾担任过郎中、尚书侍郎、太史令、公车司马令、侍中、河间相、尚书等职。张衡在科学、机械制造、文学、艺术等方面均有很高的造诣。留传下来的科学和文学著作共有30余篇。他的主要科学著作有《灵宪》和《算罔论》。通过观测实践，他明确提出"宇之表无极，宙之端无穷"（《经典集林·张衡灵宪》），认识到宇宙的无限性。他还指出"月光生于日之所照，……当日之冲，光常不合者，蔽于地也"，已认识到月光是日光的反照，并阐述了月蚀的原因。在制造工艺上，他发明了世界上第一架可测地震方位的仪器——候风地动仪。他创制了世界上最早利用水力转动的浑天仪，并写下了《浑天仪图注》。他还制作过三轮自动车和能飞数里的木鸟。

张衡在科学上的成就和他具有朴素的辩证唯物主义思想是分不开的。他曾对迷信的谶讳神学进行过坚决的斗争。汉安帝延光二年（公元123年），有人提出用谶讳神学来改定当时的历法，张衡指出"天之历数，不可任疑从虚，以非易是"（《后汉书·律历志》）。

为纪念伟大的科学家张衡，1955年我国发行了纪念邮票，1956年河南省南阳县重修了他的坟墓，并在墓前立碑，郭沫若在碑上题词："如此全面发展之人物，在世界史中亦所罕见。万祀千龄，令人敬仰。"

1922年美国地震学家伍德（H. O.Wood）和安德森（J.M. Anderson)设计了伍德-安德森（Wood-Anderson)短周期地震仪器，美国在南加州建立了由12个地震台组成的区域地震台网，配置伍德-安德森短周期地震仪器，1935年，里克特（C. R. Richter）在研究该地区地震时引入了地方性震级标度$M_L$，尽管测定方法比较简单，更重要的是为其后的发展提供了一个基础。1945年，古登堡（B. Gutenberg）将测定地方性震级$M_L$的方法推广到远震，提出了面波震级标度和体波震级标度，

1977年美国加州理工学院的地震学家金森博雄(H. Kanamori )提出了矩震级标度 $M_W$(Kanamori，1977)。常用的震级标度有以下4种。

### 1. 地方性震级

第一个震级标度是里克特(Richter，1935，1958)根据古登堡与和达清夫的建议在1935年提出的。推动里克特提出震级标度的缘由是当时他正在考虑公布美国加州的第一份地震目录。该目录包括数百个地震，地震的大小变化范围很大，从几乎是无感地震直至大地震。所用的地震仪是当时在南加州普遍使用的著名的伍德–安德森地震仪，其常数为：摆的固有周期 $T_0$=0.8s，放大率 $V$=2800，阻尼常数 $h$=0.8。

里克特
（Richter, Charles Francis, 1900.04.26 ~ 1985.09.30）

美国物理学家和地震学家。生于俄亥俄州哈密尔顿，卒于加利福尼亚帕萨迪纳。1916～1917年入南加利福尼亚大学学习，1920年在斯坦福大学物理系毕业，1928年在加利福尼亚理工学院获哲学博士。1927～1936年在卡内基学会地震学实验室工作，1937～1970年在加利福尼亚理工学院地震学实验室工作，并讲授物理学和地震学。

1935年提出了地方性震级标度（Local magnitude），并以他的姓氏命名为"里氏震级"。里克特还编制了美国地震危险区地图。与古登堡合作著有《地球的地震活动性及有关现象》（1941，修订版1954）和《初等地震学》(1958)等。

里克特提出"震级"的概念灵感来自天文学中表示天体亮度的"星等"，他意识到要表示地震的大小一定得用某种客观的测定方法，即使用地震仪器测定地震大小的方法。里克特通过地震仪器接收到震源辐射的地震波，首先确定地震的位置，然后根据震中距的远近和记录地震波幅度来测定地震的大小，这与天文学测定星星明暗程度的原理极为相似。

# 星等（Magnitude）

天文学（Astronomy）是一门古老的科学，自有人类文明史以来，天文学就有重要的地位。天文学是研究宇宙空间天体、宇宙的结构和发展的学科。内容包括天体的构造、性质和运行规律等。主要通过观测天体发射到地球的辐射，发现并测量它们的位置，探索它们的运动规律，研究它们的物理性质、化学组成、内部结构、能量来源及其演化规律。

星等是衡量天体光度的量。星等是天文学上对星星明暗程度的一种表示方法，用"$M$"表示，英文为"Magnitude"，通俗的说法是星星的等级。为了衡量星星的明暗程度，古希腊天文学家喜帕恰斯（Hipparchus，又名依巴谷）在公元前2世纪首先提出了"星等"这个概念。星等值越小，星星就越亮；星等的数值越大，它的光就越暗。在不明确说明的情况下，星等一般指目视星等。

公元前2世纪，古希腊天文学家喜帕恰斯在爱琴海的罗德岛建立观星台，并在天蝎座看到一颗陌生的星。为了描述这颗前人没有记录的星星，他决定绘制一份详细的星图。经过顽强的努力，这份标有上千颗恒星位置和亮度的星图诞生了。喜帕恰斯将恒星按照亮度分成等级，最亮的二十颗作为一等星，最暗的作为六等星，中间又有二等星、三等星、四等星、五等星。喜帕恰斯在2100多年前创立的"星等"的概念一直沿用到今天。

到了1850年，由于光度计在天体光度测量中的应用，英国天文学家普森（M.R.Pogson）把肉眼看见的一等星到六等星做了比较，发现星等相差5等的亮度之比约为100倍。于是提出了衡量天体亮度的单位，一个星等间的亮度比规定为$\sqrt[5]{100}$，即2.512倍。

在研究南加州浅源地方性地震时，里克特注意到这样一个事实：若将一个地震在各不同距离的台站上所产生的地震记录的最大振幅的对数$\lg A$与相应的震中距$\Delta$作图，则不同大小的地震所给出的$\lg A$-$\Delta$关系曲线都相似，并且近似地是平行的。如图3-2所示，对于$A_0$与$A_1$两个地震，若设$A_0(\Delta)$与$A_1(\Delta)$分别是其产生的地震记录的最大振幅，则有$\lg A_1(\Delta)-\lg A_0(\Delta)=$与$\Delta$无关的常数。

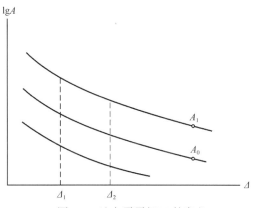

图3-2　地方震震级$M_L$的定义

由于里克特提出震级时使用的是短周期地震仪器，只能在600km以内的震中距使用，区域特征明显。因此，这种震级定义为地方性震级(local magnitude)，用$M_L$表示，这里的L表示local（地方性）的意思。

若取$A_0$为一标准地震即参考事件的最大振幅，则任一地震的地方性震级$M_L$可以定义为：

$$M_L = \lg A(\Delta) - \lg A_0(\Delta) \qquad 30\text{km} \leqslant \Delta \leqslant 600\text{km} \qquad (3.1)$$

式中，$A(\Delta)$是任一地震的最大振幅，$-\lg A_0(\Delta)$是量规函数（表3-1），$A(\Delta)$与$A_0(\Delta)$必须在同一距离用同样的地震仪测得。

表3-1　里克特地方性震级$M_L$的量规函数

| $\Delta/\text{km}$ | $-\lg A_0(\Delta)/$ mm | $\Delta/\text{km}$ | $-\lg A_0(\Delta)/$ mm | $\Delta/\text{km}$ | $-\lg A_0(\Delta)/$ mm | $\Delta/\text{km}$ | $-\lg A_0(\Delta)/$ mm |
|---|---|---|---|---|---|---|---|
| 0 | 1.4 | 90 | 3.0 | 260 | 3.8 | 440 | 4.6 |
| 5 | 1.4 | 95 | 3.0 | 270 | 3.9 | 450 | 4.6 |
| 10 | 1.5 | 100 | 3.0 | 280 | 3.9 | 460 | 4.6 |
| 15 | 1.6 | 110 | 3.1 | 290 | 4.0 | 470 | 4.7 |
| 20 | 1.7 | 120 | 3.1 | 300 | 4.0 | 480 | 4.7 |
| 25 | 1.9 | 130 | 3.2 | 310 | 4.1 | 490 | 4.7 |
| 30 | 2.1 | 140 | 3.2 | 320 | 4.1 | 500 | 4.7 |
| 35 | 2.3 | 150 | 3.3 | 330 | 4.2 | 510 | 4.8 |
| 40 | 2.4 | 160 | 3.3 | 340 | 4.2 | 520 | 4.8 |
| 45 | 2.5 | 170 | 3.4 | 350 | 4.3 | 530 | 4.8 |
| 50 | 2.6 | 180 | 3.4 | 360 | 4.3 | 540 | 4.8 |

续表

| $\Delta$/km | $-\lg A_0(\Delta)/$ mm | $\Delta$/km | $-\lg A_0(\Delta)/$ mm | $\Delta$/km | $-\lg A_0(\Delta)/$ mm | $\Delta$/km | $-\lg A_0(\Delta)/$ mm |
|---|---|---|---|---|---|---|---|
| 55 | 2.7 | 190 | 3.5 | 370 | 4.3 | 550 | 4.8 |
| 60 | 2.8 | 200 | 3.5 | 380 | 4.4 | 560 | 4.9 |
| 65 | 2.8 | 210 | 3.6 | 390 | 4.4 | 570 | 4.9 |
| 70 | 2.8 | 220 | 3.65 | 400 | 4.5 | 580 | 4.9 |
| 75 | 2.85 | 230 | 3.7 | 410 | 4.5 | 590 | 4.9 |
| 80 | 2.9 | 240 | 3.7 | 420 | 4.5 | 600 | 4.9 |
| 85 | 2.9 | 250 | 3.8 | 430 | 4.6 | | |

里克特于1935年最先提出的地方性震级即原始形式的地方性震级$M_L$，也称作里氏震级(Richter magnitude)或里氏(震级)标度(Richter scale)。$M_L$第一次把地震大小变成了可测量、可相互比较的量，为地震学的定量化发展奠定了基础。

## 零级地震的规定

为了使结果不为负数，里克特定义当伍德-安德森标准地震仪在震中距等于100km处，如果记录的两水平分向最大振幅的算术平均值是1μm，那么该地震的震级为零级。后来，随着地震仪器灵敏度的提高，已能测到零级以下的地震。理论上，震级的上、下限没有限制。

到目前为止，人们观测到最大的地震是1960年5月22日智利的矩震级$M_W$9.5地震。随着数字地震台网台站密度的不断增加，一些地震台站已在震源区附近记录到非常小的地震。奎亚蒂克(G. Kwiatek)等人在南非的Mponeng金矿地下3500m深的井下，建立了一个300m×300m×300m的小型立体高密度的JAGUARS台网。记录的最小地震震级是矩震级$M_W$-4.4地震（Kwiatek et al., 2010），这是迄今为止人类记录到的最小地震。

实际上，无论是在其发源地美国加州，还是在世界各地，早已不再使用原始形式的地方性震级——里氏震级，因为大多数地震并不发生于加州，并且伍德-安德森地震仪也早已几乎绝迹。尽管如此，地方性震级（但并非是原始形式的地方性震级——里氏震级！）仍然被用于报告地方性地震的大小，因为许多建筑物、结构物的共振频率在1Hz左右，十分接近于伍德–安德森地震仪的自由振动的频率(1/0.8s=1.25Hz)，因此$M_L$常常能较好地反映地震引起的建筑物、结构物破坏的程度。

最初的地方性震级计算公式只适用美国加利福尼亚地区，并且使用的仪器是伍德–安德森短周期地震仪器，明显存在一定的局限性。我国震级标度的研究是从测定地方性震级$M_L$起步的。20世纪50年代中期，由于中国地震台上并非安装用于建立里克特地方性震级系统$M_L$的伍德–安德森标准地震仪，因此里克特提出的震级标度不能原封不动地照搬至中国。鉴于此，李善邦结合当时我国常用的短周期地震仪和

李善邦
(1902.10.02 ~ 1980.04.29)

中国现代地震学家。1902年10月2日生于广东兴宁县，1980年4月29日卒于北京。1925年毕业于南京东南大学物理系。1930年在北平西北郊鹫峰建成中国自建的第一个地震台——鹫峰地震台，并编辑出版了《鹫峰地震月报》和《鹫峰地震专刊》。

抗日战争爆发后，李善邦转到西南地区进行地球物理勘探工作，成为中国物探界少数先行者之一。这时期他曾探测过攀枝花铁矿，并写出了最早的正式报告。他还指导了此地区的地磁三要素测量工作，直至20世纪50年代，绘制成中国第一幅地磁图。1943年在四川北碚试制成水平摆式地震仪，并用于观测，建成中国内地惟一的地震台。中华人民共和国成立后又对水平摆式地震仪进行了改进，用此装备了西安、包头等20个城市的地震台，构成台网。以后在他指导下制成基尔诺斯式和哈林式地震仪，使地震台设备达到新的水平。

李善邦根据里克特地方性震级的定义，结合当时我国常用地震仪器特性，建立了一套适用于中国的地方性震级$M_L$测定方法，并在全国范围内使用。李善邦曾参加中国历史地震资料的整理工作，编辑了《中国地震目录》和分县地震目录，并总结出一公式把历史上记载的地震烈度和震级联系起来。这项工作获得1982年自然科学三等奖。他曾主办地震训练班，并在高等院校讲授地震课，培养了地震干部和专业人才。他晚年著有《中国地震》一书。

中长周期地震仪的特性，建立了基于这两种地震仪器的量规函数，得到一套适用于中国的、比较统一的震级测定方法，并在全国范围内使用（李善邦，1981）。

我国测定地方性震级 $M_L$ 应使用DD-1短周期地震仪两水平向记录S波（或Lg波）的最大振幅，该最大振幅应大于干扰水平2倍以上，计算方法见式（3.2）：

$$M_L = \lg A + R(\varDelta) \tag{3.2}$$

式中，$A = \dfrac{A_N + A_E}{2}$，$A_N$ 是北南向S波（或Lg波）地动位移的最大振幅，$A_E$ 是东西向S波（或Lg波）最大振幅，$\varDelta$ 是震中距，$R(\varDelta)$ 是地方性震级的量规函数，表3-1是李善邦先生根据我国短周期地震仪器和中长周期地震仪器的特性和华北地区地震波的衰减规律得到的，$R_1(\varDelta)$ 是短周期仪器的量规函数，$R_2(\varDelta)$ 是中长周期的量规函数，目前使用的是短周期仪器的量规函数 $R_1(\varDelta)$。

表3-1　量规函数 $R_1(\varDelta)$ 与 $R_2(\varDelta)$

| $\varDelta$/km | $R_1$ | $R_2$ | $\varDelta$/km | $R_1$ | $R_2$ |
|---|---|---|---|---|---|
| 0~5 | 1.8 | 1.8 | 290~300 | 4.3 | 4.1 |
| 10 | 1.9 | 1.9 | 310~320 | 4.4 | 4.1 |
| 15 | 2.0 | 2.0 | 330 | 4.5 | 4.2 |
| 20 | 2.1 | 2.1 | 340 | 4.5 | 4.2 |
| 25 | 2.3 | 2.3 | 350 | 4.5 | 4.3 |
| 30 | 2.5 | 2.5 | 360 | 4.5 | 4.3 |
| 35 | 2.7 | 2.7 | 370 | 4.5 | 4.3 |
| 40 | 2.8 | 2.8 | 380 | 4.6 | 4.3 |
| 45 | 2.9 | 2.9 | 390 | 4.6 | 4.3 |
| 50 | 3.0 | 3.0 | 400~420 | 4.7 | 4.3 |
| 55 | 3.1 | 3.1 | 430 | 4.75 | 4.4 |
| 60~70 | 3.2 | 3.2 | 440 | 4.75 | 4.4 |
| 75~85 | 3.3 | 3.3 | 450 | 4.75 | 4.4 |
| 90~100 | 3.4 | 3.4 | 460 | 4.75 | 4.4 |
| 110 | 3.5 | 3.5 | 470~500 | 4.8 | 4.5 |
| 120 | 3.5 | 3.5 | 510~530 | 4.9 | 4.5 |
| 130~140 | 3.6 | 3.5 | 530 | 4.9 | 4.5 |
| 150~160 | 3.7 | 3.6 | 540~550 | 4.9 | 4.5 |
| 170~180 | 3.8 | 3.7 | 560~570 | 4.9 | 4.5 |

续表

| Δ/km | $R_1$ | $R_2$ | Δ/km | $R_1$ | $R_2$ |
|---|---|---|---|---|---|
| 190 | 3.9 | 3.7 | 580～600 | 4.9 | 4.5 |
| 200 | 3.9 | 3.7 | 610～620 | 5.0 | 4.6 |
| 210 | 4.0 | 3.8 | 650 | 5.1 | 4.6 |
| 220 | 4.0 | 3.8 | 700 | 5.2 | 4.7 |
| 230～240 | 4.1 | 3.9 | 750 | 5.2 | 4.7 |
| 250 | 4.1 | 3.9 | 800 | 5.2 | 4.7 |
| 260 | 4.1 | 3.9 | 850 | 5.2 | 4.8 |
| 270 | 4.2 | 4.0 | 900 | 5.3 | 4.8 |
| 280 | 4.2 | 4.0 | 1000 | 5.3 | 4.8 |

## 2.面波震级

地震波在传播过程中，由于高频地震波（即短周期波）的衰减速度要远远大于低频地震波，当地震仪距离震中较远时，这种地震仪的记录能力变得有限。虽然地方性震级$M_L$很有用，但受到所采用的地震仪的类型及所适用的震中距范围的限制，无法用它来测定全球范围远震的震级。

1945年，地震学家古登堡提出了面波震级标度（Gutenberg，1945a），面波震级用$M_S$表示，其中S表示surface wave（面波），它是根据周期约为20s的面波大小确定的地震震级。使用$M_S$可以测定远距离地震的大小，这就弥补了地方性震级$M_L$的不足。

1967年在苏黎世召开的IASPEI会议上，正式推荐式（3.3）为浅源（$h \leqslant 60km$）地震的标准震级公式，这就是已经为许多国家采用的著名的莫斯科—布拉格公式（Kárnïk et al.，1962）：

$$M_S = \left(\frac{A}{T}\right)_{max} + 1.66\lg\Delta + 3.3,\ 2° < \Delta < 160° \tag{3.3}$$

美国从1960年起陆续在全球建立由120个台站组成的世界标准地震台网（World Wide Standard Seismic Network，WWSSN），每个台站都配置相同的三分向短周期仪器（Short Period，SP）和长周期仪器（Long Period，LP）。国际地震中心（ISC）和美国地质调查局（USGS）国家地震信息中心（NEIC）利用式（3.3）测定震源深度$h \leqslant 60km$浅源地震的面波震级，而不必指定地震波的类型，

古登堡
（Gutenberg Beno，
1889.06.04～1960.01.25）

德国地球物理学家，犹太人。生于德国达姆施塔特，卒于美国加利福尼亚州帕萨迪纳。1908年入德国格丁根大学，1911年获博士学位。曾任加州理工学院地球物理学和气象学教授，帕萨迪纳地震研究室负责人。古登堡是美国国家科学院院士，英国皇家天文学会会员，美国地质学会会员。还担任过美国地震学会理事和主席。1953年获得美国地球物理联合会第15届威廉·博伊奖章，主要从事地震学和地球内部物理学研究。早期最突出的研究成果是用地震波方法估算地核半径。1914年，首次得出核面深度约为2900km，这一数值作为地球的核幔界面至今仍广为引用，并被称为"古登堡间断面"或"古登堡界面"。

古登堡和里克特一起创立了地震的震级标度。1945年他正式定义了面波震级$M_S$和体波震级$m_b$，把里克特定义的地区震级标度推广到远震和深源地震。20世纪50年代以后，主要研究低速层和通道波，提出的上地幔低速层已被后来的研究所证实。

古登堡的著作很多，1939年和1951年，两次出版了《地球内部的构造》一书。1959年出版了他晚年撰写的《地球内部物理学》，该书对当时的地球物理学研究作了简要总结。

也不必考虑使用水平向和垂直向资料。ISC认为在5°～160°震中距范围内，垂直向和水平向面波的周期在10～60s之间，但他们只计算震中距在20°～160°范围内的面波震级。现在看来，这种对周期范围的限制是不必要的，它限制了测定区域地震$M_S$震级的可能性。

美国采用了IASPEI推荐的面波震级计算公式，但对资料的范围进行了严格的限制，NEIC只使用WWSSN台网长周期仪器LP垂直向，震中距为20°～160°，周期为18～22s的面波测定面波震级$M_S$。为了区别于其他台网测定的面波震级，NEIC测定的面波震级用$M_{SZ}$表示。计算公式为：

$$M_{SZ}=\left(\frac{A}{T}\right)_{max}+1.66\lg\Delta +3.3, \quad 20^{\circ}<\Delta<160^{\circ}, \quad 18s<T<22s \tag{3.4}$$

由于WWSSN台网覆盖的地域广阔，地震仪的一致性好，再加上所使用资料的震中距范围和周期范围都是面波比较稳定的范围，NEIC测定的面波震级$M_{SZ}$的精度和一致性都比较好，逐步在全世界范围内确立了其权威性。NEIC和ISC都采用IASPEI推荐的震级公式，所使用的资料中WWSSN的资料占有较大的比重，故他们两家测定的$M_S$基本一致，没有系统差。

1956年以前，中国的地震报告都不测定震级，1957～1965年底的地震报告采用苏联索罗维耶夫（Solovyev）和谢巴林（Shebalin）提出的计算公式（陈培善，1989）。

1966年1月以后，中国的地震报告采用了郭履灿等人（郭履灿等，1981）提出的以北京白家疃地震台为基准的面波震级公式。测定浅源地震的面波震级$M_S$，使用基式（SK）中长周期地震仪记录面波质点运动最大速度，计算方法见式（3.5）：

$$M_S=\left(\frac{A}{T}\right)_{max}+1.66\lg\Delta +3.5, \quad 1^{\circ}<\Delta<130^{\circ} \tag{3.5}$$

式中，$A$是两水平向面波地动位移的矢量和，$T$是相应的周期，$\Delta$是震中距。

在基式（SK）中长周期地震仪记录图上反映的是地震波质点运动位移，根据《地震台站观测规范》要求，在测定面波震级$M_S$时要测定几组面波的振幅$A$和周期$T$，取$\left(\frac{A}{T}\right)$的最大值$\left(\frac{A}{T}\right)_{max}$，特别是有频散的面波记录，较小的振幅和非常小的周期可以产生较大的$\left(\frac{A}{T}\right)_{max}$。

1985年以后，我国763长周期地震台网建成并投入使用，由于该仪器的仪器参数与美国的WWSSN长周期完全一样，所以震级的测定方法也和NEIC使用的方法以及计算公式一致，即选用垂直向瑞利面波的最大振幅和周期测定$M_{S7}$，所以$M_{S7}$与NEIC测定的$M_{SZ}$一致，没有系统差（陈培善等，1988）。为便于比较，在地震观测报告中除了给出$M_S$以外，也给出$M_{S7}$。测定$M_{S7}$要使用763长周期地震记录，以垂直向瑞利波质点运动最大速度测定震级$M_{S7}$，计算公式为：

$$M_{S7}=\lg\left(\frac{A}{T}\right)_{max}+\sigma_{763}(\Delta), \quad 3^{\circ}<\Delta<177^{\circ}, \quad T>6s \tag{3.6}$$

式中，$A$是垂直向瑞利波质点运动最大速度对应的位移值，$T$是相应的周期，$\Delta$是震中距，$\sigma_{763}(\Delta)$是量规函数。

### 3. 体波震级

虽然面波震级可以测定远距离地震的大小，但对于深源地震，地震台站记录的波形与浅源地震波形差别很大，其面波不发育，无法直接测定面波震级。而对于深源地震，虽然面波不发育，但在远震距离上，P波是清晰的震相。

1945年古登堡还提出了短周期体波震级$m_b$和中长周期体波震级$m_B$（Gutenberg，1945b），b表示body wave（体波），它是根据地震波的体波（P，PP和S波）的大小确定的地震震级（Gutenberg，1945c）。

几乎所有的地震，无论距离远近，无论震源深浅，都可以在地震图上较清楚地识别P波等体波震相。对于爆炸源，特别是地下核爆炸，P波都很清楚，因此用体波测定地震的大小具有广泛的应用。

我国始终按古登堡和里克特提出的体波震级的方法测定周期体波震级$m_b$和中长周期体波震级$m_B$。体波震级采用P或PP波垂直向质点运动最大速度来测定，计算公式为：

$$m_B\text{或}m_b=\lg\left(\frac{A}{T}\right)_{max}+Q(\Delta，h) \tag{3.7}$$

式中，$m_B$为中长周期体波震级，要在SK中长周期地震上测定；$m_b$为短周期体波震级，要在DD-1短周期记录上测定；$A$为体波质点运动最大速度所对应的地动位移振幅；$T$为相应的周期；$Q$为量规函数。图3-3是P和PP波垂直分向的$Q$值分布图。

量取P波最大振幅的范围：对短周期地震记录，取P波到时之后5s之内；对中长周期记录一般取P波到时之后20s之内，大地震允许延长至60s。

### 4. 矩震级

20世纪60年代后期，地震学家在研究全球地震年频度与面波震级$M_S$的关系时发现，缺失了一些$M_S>8.6$的地震。1977年美国加州理工学院的地震学家金森博雄（H. Kanamori）提出了矩震级标度$M_W$（Kanamori，1977），矩震级实质上就是用地震矩来描述地震的大小。

矩震级$M_W$应使用测定的地震矩按照式（3.8）计算：

$$M_W=\frac{2}{3}(\lg M_0-9.1) \tag{3.8}$$

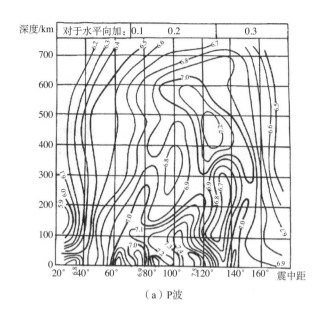

（a）P波

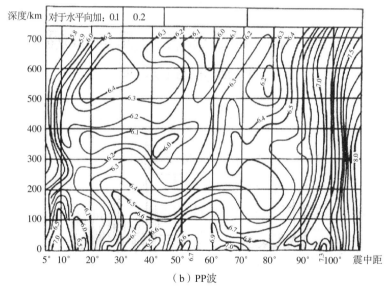

（b）PP波

图3-3 地震P和PP波垂直向$Q(\Delta, h)$分布图

式中，$M_0$为地震矩，单位为牛顿·米（N·m）。

近年来，震级的测定方法在不断发展，地震学家们根据不同需求，提出了一些新的震级标度，如：能量震级$M_e$、海啸震级$M_t$、持续时间震级$M_d$、Lg波震级$m_{bLg}$、累积体波震级$m_{BC}$等，这里不再赘述。

# 第二节　震级的研究与发展

自从里克特提出"震级"的概念以来，在以后的几十年中，震级在世界各国得到了普遍的应用，各国和国际地震机构根据自己的研究成果和观测数据，建立了适合于不同区域的经验公式。多年来震级计算方法不断改进，但在演变过程中，各国情况差别很大。

对于6.0级以上的地震，几乎全球所有的地震台站都可以记录到并能测定其震级，所以震级标度统一的问题已经引起了各国地震学家的高度重视。1967年，在苏黎世举行的国际地震学和地球内部物理学协会（IASPEI）大会上，IASPEI组委会向全世界推荐了体波震级和面波震级的测定公式，后来许多国家和国际上的地震机构都采用了IASPEI所推荐的公式，结果使各国测定的震级比较一致。1979年9月，苏格兰爱丁堡地质科学研究所威尔莫（P. L. Willmore）编写了《地震观测实践手册》（*Manual of Seismological Observatory Practice*），详细介绍了台站建设、资料分析处理和震级计算的方法（Willmore，1979）。

## IASPEI

IASPEI是国际地震学与地球内部物理学协会的英文（International Association of Seismology and Physics of the Earth's Interior）简称。是国际大地测量和地球物理学联合会（International Union of Geodesy and Geophysics，IUGG）下属的一个分会。IASPEI成立于1902年，1951年后改用现名，是一个全球性的地震学及其相关学科的学术组织。宗旨是推进地震震源、地震波传播、地球内部结构特征和过程等问题的研究，并发起、组织协调有关学术交流、讨论、教育及培训活动等等。其中每两年一届的IASPEI大会已成为全球地震学家展示最新研究成果、相互交流学习的论坛。

IASPEI下设地震观测与解释委员会（CoSOI）、构造物理与地壳构造委员会，地震孕育过程-地震预测的物理模型与监测委员会，地球构造与地球动力学委员会，地震危险性、地震风险与强地面运动委员会，震源机制委员会，教育与培训委员会等7个专业委员会，以及欧洲地震委员会（ESC），亚洲地震委员会（ASC），非洲地震委员会（AfSC），拉丁美洲与加勒比地震委员会（LACSC）等4个区域委员会。中国的地震学家一直与IASPEI保持着良好的关系。我国一些专家曾先后担任过IASPEI主席、副主席、执行委员、各专业委员会主席、秘书长等。与IASPEI其他成员单位一样，IASPEI中国国家委员会每四年向IUGG大会提交《国家报告》，对四年来的研究工作进行介绍和评述。

国际地震中心（ISC）、美国国家地震信息中心（NEIC）等国际机构和国家采用了IASPEI所推荐的标准测定震级，日本一直沿用自己的方法测定震级$M_J$（日本气象厅震级）。由于多方面的原因，我国一直按传统的方法测定面波震级$M_S$，对于3.0级以上地震我国测定的面波震级平均偏高0.2级左右，而对于5.0～7.0级地震我国测定的面波震级平均偏大0.3～0.4级（许绍燮，1999；刘瑞丰等，2007）。

在我国，陈运泰等人对震级的测定方法进行了综述，并提倡把矩震级测定纳入地震台网的日常工作（陈运泰等，2004）；早在1996年，刘瑞丰等根据面波震级公式，提出了用速度平坦型数字地震资料测定面波震级的计算方法，计算公式为：

$$M_S=\lg\left(\frac{V_{\max}}{2}\right)+1.66\lg(\Delta)+3.3,\ 2°<\Delta<160° \tag{3.9}$$

式中，$V_{\max}$为垂直向面波质点运动速度的最大值，$\Delta$为震中距。并通过使用全球地震台网（GSN）的资料，测定了1992年9月28日台湾地区东部海域$M_S$6.1地震、1993年10月2日新疆若羌$M_S$6.3地震、1994年9月16日台湾海峡$M_S$6.7地震和1993年3月20日西藏羊八井$M_S$6.7地震的面波震级，通过与美国NEIC测定结果的对比，震级平均偏差均为0.05（刘瑞丰等，1996）。2005年IASPEI震级工作组采纳了刘瑞丰的测定方法，并确定为IASPEI新震级标度，为了与原面波震级相区别，称为宽频带面波震级$M_{S(BB)}$；刘瑞丰等开展了宽频带数字地震资料仿真的研究（刘瑞丰等，1997），2001年制定了《地震及前兆数字观测技术规范（地震观测）》（中国地震局，2001），一直使用至今。

在世纪之交，全球的地震观测基本上完成了由模拟向数字的转变，人类的地震观测进入了数字时代。数字地震仪器具有频带宽、动态范围大等特点，在推动地球科学研究方面发挥了重要的作用，利用宽频带数字地震记录测定震级的问题引起了IASPEI的高度重视，2001年在越南河内召开的IASPEI大会上，IASPEI地震观测与解释委员会（The IASPEI Commission on Seismological Observation and Interpretation，CoSOI）决定成立一个由13人组成的震级测定工作组（Working Group on Magnitude Measurements），负责制定基于数字地震资料的震级标准，组长是德国地学研究中心（GFZ）的鲍曼教授，工作组成员由美国、德国、英国、中国、韩国等国家的13名专家组成（http://www.iaspei.org/commissions/CSOI/Magnitudes_WG.pdf），我国刘瑞丰是该工作组成员，并在国内成立了项目组，承担了IASPEI震级工作组的主要工作。项目组利用近30年观测资料开展了对中国地震台网与美国地震台网震级对比研究，中国地震台网不同震级之间对比研究（Bormann and Liu，2007）；利用中国国家地震台网48个台站的数字地震资料，开展了基于宽频带数字地震记录的震级测定方法研究。根据这些研究成果，刘瑞丰提出了宽频带体波震级$m_{B(BB)}$和宽频带面波震级$M_{S(BB)}$的测定方法，得到了IASPEI工作组采纳。IASPEI工作组于2005年完成了新震级标度基本技术框架的制订工作，在全球范围征求各个国家的意见。

经过几年的讨论和修改以后，IASPEI新震级标度已于2013年正式向全球发布，包括地方性震级$M_L$、20s面波震级$M_{S(20)}$、宽频带面波震级$M_{S(BB)}$、短周期体波震级$m_b$、宽频带体波震级$m_{B(BB)}$、区域Lg震级$m_b(Lg)$和矩震级$M_W$（http://www.iaspei.org/commissions/CSOI/Summary_WG-Recommendations_20110909.pdf）。为了验证新震级标度的科学性和可靠性，IASPEI震级工作组希望将新震级标度首次在中国地震台网应用。2007年在鲍曼和刘瑞丰的组织下，中国地震台网中心率先采用IASPEI新震级标度，测定了531个地震的短周期体波震级$m_b$、宽频带体波震级$m_{B(BB)}$、20s面波震级$M_{S(20)}$和宽频带面波震级$M_{S(BB)}$，并与中国传统震级进行了对比研究，得到了很有意义的结果（Bormann and Liu，2009），为全球其他地震台网使用IASPEI新震级标度起到了有益的参考作用。主要研究结果已收录到由德国地学研究中心（GFZ）鲍曼教授主编的《新地震观测实践手册》（*New Manual of Seismological Observatory Practice*，2012）一书中，如果要了解更详细内容，请参见该手册的第三章"震源与震源参数"：Seismic Sources and Source Parameters（http://bib.telegrafenberg.de/en/publishing/distribution/nmsop/）。

彼得·鲍曼
（Peter Bormann，
1939.04.08～2015.02.11）

德国地震学家。1968年，鲍曼从德国弗赖贝格（Freiberg）大学地球物理系毕业。20世纪70年代，他在波茨坦的地球物理研究所工作，主要从事地震学研究。在1979年到1987年间，他从事德意志民主共和国南极科学考察管理与协调工作，1981年到1986年他作为政府代表，在国际科学联合会（ICSU）南极科学委员会（SCAR）工作。

两德统一以后，从1992年起鲍曼教授到德国地学研究中心（GFZ）任职，一直从事国际地震学研究、地震灾害评估培训和教学工作。1997年他当选为国际地震学与地球内部物理学协会（IASPEI）的培训委员会主任。他在GFZ期间，还担任IASPEI地震观测与解释委员会（CoSOI）秘书，主持编写了《新地震观测实践手册》（*New Manual of Seismological Observatory Practice*，NMSOP）一书，2002年完成第一版，2012年完成第二版。

在地震学研究方面，鲍曼致力于地震震级的测定研究。2001年他担任IASPEI震级测定工作组组长，在IASPEI新震级标度的建立方面发挥了重要作用。

鲍曼教授与中国的关系非常密切，我国有很多人都参加过他组织的"地震学和地震灾害评估国际培训班"。他曾多次到中国开展合作研究工作，从2004年到2009年，他几乎每年都会来中国进行震级测定、宽频带数字地震资料解释等业务培训或学术交流。

# 第三节 震级的优点与缺点

"震级"的概念是由里克特于1935年引入的，目的是用仪器来测量地震的大小。1945年古登堡和里克特发展了"震级"的概念，通过对地面运动的测量来确定面波震级和体波震级的大小。地震学家们努力使不同方法测得的震级的大小统一起来，但一直没有成功（Gutenberg and Richter，1956a；Christoskov et al.，1985），后来认识到这些震级标准是不完全一致的。这是因为不同的震级标度使用不同周期和不同波列，而不同周期和不同波列所携带的来自复杂震源过程的信息不同。于是，有关传统震级的优点和缺点、震级应如何测定等问题引起了地震学家的普遍关注。

## 一、震级的优点

几十年来地方性震级、体波震级和面波震级之所以在各个国家得到了普遍的应用，是因为震级是作为地震相对大小的一种量度，为近代定量地震学的发展奠定了基础。总的来说，震级有两大优点：

### 1.容易测定

震级是直接由地震记录上测量得到的，在任何给定的情况下，只要有合理的公式，就能很容易地测定震级，无须进行繁琐的地震信号处理和计算。

### 2.通俗实用

震级采用无量纲的数来表示地震的大小，于是：$M<1$，称作极微震(ultra microearthquake)；$1 \leqslant M<3$，称作微震(microearthquake)；$3 \leqslant M<5$，称作小震(small earthquake)；$5 \leqslant M<7$，称作中震(moderate earthquake)；$7 \leqslant M<8$，称作大震(large earthquake)；$M \geqslant 8$，称作特大地震(great earthquake)；简单明了，贴近公众（陈运泰等，2004）。

## 二、震级的缺点

通过实际观测表明，震级也有其缺点，可概括为以下3点：

### 1.经验性

震级标度完全是经验性的，与地震发生的物理过程并没有直接的联系，物理意义不清楚。最突出的例证就是在震级的定义中连量纲都不对。在地方性震级、体波震级和面波震级的计算公式中，都是通过对振幅$A$或$A$与周期$T$的比值取对数求得的；而众所周知，只能对无量纲的量求对数。

### 2.单色性

任何震级都有一个优势周期，也就是说它是"单色的"，单用一个数字来描写地震的复杂现象确实太简单。为了尽可能地反映频谱，对于一个地震，就要采用不同的波、不同的周期，得到一系列震级值，而用多震级值来描述一个地震是不利的，也很难用它们来计算其他震源参数。

3. 饱和性

地方性震级、面波震级和体波震级均存在震级饱和问题，这对于研究地震活动性非常不利。因此对于大地震就不能由传统震级估算出地震的能量。如何能够准确地测定大地震的震级？这是地震学家一直在努力解决的问题。

# 第四章　为什么要修订震级国家标准？

为了规范地震震级的测定和社会应用，1999年在许绍燮院士的带领下，由中国地震局地球物理研究所等单位的专家完成了国家标准GB 17740—1999《地震震级的规定》的编制工作，该标准于1999年4月26日首次发布。

GB 17740—1999《地震震级的规定》是强制性国家标准，自颁布实施以来，在我国的地震监测、地震预报、防震减灾和新闻报道等方面都发挥了重要作用，取得了良好的科学效益和社会效益。

## 第一节　GB 17740—1999的主要内容

GB 17740—1999《地震震级的规定》由范围、定义、地震震级$M$测定方法和使用规定4部分内容，其中地震震级$M$测定方法和使用规定为该标准的核心内容。

### 一、震级$M$测定方法

鉴于当时国际地震中心（ISC）、美国地质调查局（USGS）国家地震信息中心（NEIC）、国际地震中心（ISC）、中国地震局（CEA）、日本气象厅（JMA）等国际地震机构在震级测定方法上存在差别，尚未取得共识，经专家多次论证以后认为，我国应继续保持自己的震级测定体系为妥。因此，GB 17740—1999只规定了面波震级的测定方法，把郭履灿等人（郭履灿等，1981）提出的以北京白家疃地震台为基准，使用两水平向资料测定的面波震级$M_S$（3.5）为地震震级$M$。

我国大陆地震主要是板内地震，均属于浅源地震，在我国东北、台湾地区，中缅边境和西部境外兴都库什地区也有深源地震和中源地震，这些地震在地表很少形成地震灾害，对社会影响较小，常不被社会所关注。在该标准的宣贯教材中指出：

"深震和小震对社会的影响不大，它不属于本标准规定的目标范围。在个别特殊情况下（如首都圈等敏感区域发生有感的2级、3级小地震时），需要向社会公布本标准不能测得的地震震级$M$时，深震可用体波震级$m_b$，小震可用地方性震级$M_L$测定。在对社会公布时不再称地震震级$M$，而应称为相应的体波震级$m_b$，或地方性震级$M_L$。"在实际工作中，对于深震和小震，仍需要按《地震台站观测规范》要求，测定地方性震级和体波震级。

## 二、使用规定

GB 17740—1999对地震信息提供、地震新闻报道、地震预报发布、防震减灾和地震震级认定等社会应用做出了明确的规定，在这些社会应用中一律使用地震震级$M$。

实际上，GB 17740—1999只对地震震级$M$的社会应用做出了明确的规定，明确了浅源中强地震的震级测定方法和使用规定，对于地方性震级、体波震级、矩震级等没有做出规定。在日常工作中，地震台网（站）要按2001年中国地震局颁布的《地震及前兆数字观测技术规范（地震观测）》的要求，测定地方性震级$M_L$、短周期体波震级$m_b$、中长周期体波震级$m_B$、面波震级$M_S$和面波震级$M_{S7}$。

# 第二节　我国震级测定面临的问题

1978年10月国家地震局制订了"关于对外提供地震、地磁资料的规定"，1979年1月国家地震局地球物理研究所开始进行国际资料交换，随后便发现我国测定的面波震级与国际主要地震机构测定的震级存在偏差，对于3.0级以上地震我国测定的面波震级比国际主要地震机构平均偏高0.2级左右，而对于5.0～7.0级地震我国测定的面波震级平均偏大0.3～0.4级（许绍燮，1999）。30多年来我国的地震学家开展了大量的研究工作，但这一问题始终没有得到彻底解决。特别是我国数字地震观测系统投入运行以后，这一问题变得越来越突出。面临的主要问题表现在震级测定方法和发布规则这两个方面。

## 一、测定方法

我国地震台网在面波震级的测定方法上与国际主要地震机构存在差别，并且没有将矩震级测定纳入日常工作。

1. 测定方法不同

1967年在苏黎世召开的IASPEI会议上，正式推荐式（3.3）为浅源（$h \leqslant 60\mathrm{km}$）地震的标准震级公式，由于多方面的原因我国始终都没有按IASPEI的震级标准测定震级。

研究结果表明，由于使用的计算公式和仪器记录分向的不同，我国测定的$M_S$值总体上要比NEIC测定的$M_{SZ}$值平均偏高0.2级，并且大陆地区地震比西太平洋地震带地震的测定结果偏高更多（陈培善等，1987；刘瑞丰等，2007），这种区域性的差异在其他地震机构之间也同样存在。从理论上讲，使用垂直向测定面波震级得到的结果更稳定，因为垂直向只包含了独立的瑞利波，而水平向却包含了叠加在一起的瑞利波和勒夫波，从而使得面波震级测定结果不稳定。这也是我国地震台网测定的面波震级与NEIC和ISC产生偏差的重要原因之一。

在不同阶段我国使用的面波震级计算公式不同。1956年以前，我国的地震报告都不测定震级，从事历史地震研究的人员一般都是根据历史文献、地方志等资料，或经过现场考察的方法，来确定历史地震的大小；1957～1965年底的地震报告采用苏联的计算公式计算面波震级；从1966年至今，我国地震台网一直使用郭履灿等人提出的面波震级计算公式（3.5）。从公式（3.5）与IASPEI推荐的公式（3.3）相比，现在使用的量规函数比IASPEI的量规函数偏大0.2，比1957～1965年使用的面波震级公式偏大0.381，台网工作人员和科研人员在使用面波震级时要注意这个问题。

2. 未测定矩震级

地方性震级、面波震级和体波震级存在震级饱和现象，为了克服大地震的震级饱和问题，金森博雄于1977年提出了矩震级标度，由于矩震级是一个描述地震绝对大小的力学量，它是目前量度地震大小最理想的物理量，国际地震学界推荐矩震级为优先使用的震级标度。事实上，目前矩震级已成为在世界上大多数地震台网和地震观测机构优先使用的震级标度（USGS，2002）。1981年以后，美国地质调查局、美国哈佛大学等机构开始系统测定矩震级$M_W$，并且在美国国家地震信息中心（NEIC）编辑的《快速震中测定》（*Quick Epicenter Determinations*, QED）、《震中初定》（*Preliminary Determinations of Epicenters*, PDF）、《震中初定月报》（*Preliminary Determinations of Epicenters Monthly Listing*）和《地震数据报告》（*Earthquake Data Report*, EDR）等地震观测报告中列出，供全球的地球科学研究使用。

由于多方面的原因，在我国的国家地震台网中心和区域地震台网中心的日常工作中，还没有测定矩震级。

## 二、发布规则

美国地质调查局于2001年制订了"USGS地震震级的测定与发布策略"（USGS Earthquake Magnitude Policy)的管理规定，从2002年1月18日起执行（USGS，2002）。在该管理规定中明确要求地震台网在日常工作中要测定地方性震级、体波震级、面波震级和矩震级，将所测定的震级在数据库中保存，以供研究人员能够方便使用，并将矩震级作为向政府机关和社会公众发布的首选震级。因此，对于有影响的地震，美国国家地震信息中心和一些主要国际地震机构对外发布的是矩震级$M_W$，并及时在网站、电视台、广播电台、报刊和杂志等新闻媒体上发布。

根据GB 17740—1999《地震震级的规定》的要求，我国地震台网对外发布的是地震震级$M$，地震震级$M$实际上就是面波震级$M_S$。由于我国和国际主要机构发布震级的标准不同，使得我国对外发布的震级与国际主要地震机构发布的震级有时差别较大。以2013年4月20日四川芦山地震为例，中国地震台网中心测定的面波震级为$M_S 7.0$，矩震级为$M_W 6.6$。美国国家地震信息中心（NEIC）的面波震级为$M_S 6.9$，美国地质调查局（USGS）测定的矩震级$M_W 6.6$。我国对外发布的震级是面波震级$M_S 7.0$，而美国对外发布的震级是矩震级$M_W 6.6$。因此新闻媒体、政府官员和社会公众都认为中国和美国测定的芦山地震的震级差别为0.4。同样，在以后的2014年2月21日新疆于田地震、2014年8月3日云南鲁甸地震、2014年10月7日云南景谷地震也存在同样的问题，并且这一问题越来越引起人们的普遍关注。

# 第三节　修订震级国家标准的主要原因

GB 17740—1999《地震震级的规定》针对模拟记录的特点，用基式中长周期地震仪器记录的两水平向地震面波质点运动最大值测定面波震级$M_S$，并将该面波震级$M_S$作为对外发布的震级$M$。

## 一、地震观测系统发生了根本的变化

近十几年来，中国地震局进行了大规模数字地震观测系统建设，通过"中国数字地震监测系统"、"中国数字地震观测网络"和"中国地震背景场探测"3个项目的实施,对已有的地震台站进行数字化改造,并新建设了一些数字地震台站,到2015年底中国地震局已经建成了由170个台站组成的国家地震台网、由30个台站组成的3个小孔径地震台阵、859个台站组成的32个区域地震台网、由33个台站组成的6个火山台网。

2008年汶川地震发生以后,一些市、县级地方政府和一些大型水库、梯级水电站、核电站、油田、煤矿和铁路等企业相继建设了一些地方地震台网和专用地震台网。目前,我国的各类地震监测系统实现了"数字化、网络化"的历史性突破。地震仪器特性、数据传输方式和数据分析处理方式都发生了根本的变化。

从第三章所讲述的震级测定方法可以看出,震级的测定方法与所使用的地震仪器密切相关。从地方性震级$M_L$、面波震级$M_S$和$M_{S7}$、短周期体波震级$m_b$和中长周期体波震级$m_B$的计算公式(3.1)~(3.7)就可以看出,测定这些震级时都要在地震记录图上量取S波、面波或体波地动位移的振幅,原因是模拟地震仪器属于位移计类型,在地震记录图上反映的是地动位移。而数字地震仪器采用速度平坦型设计,由数字地震记录很容易得到体波和面波的地动速度,便于计算机自动测定震级。

另外,震级的量规函数与所使用的地震仪器特性密切相关。图4-1是模拟地震仪器的幅频特性曲线,其中:DD-1是短周期仪器,用于测定地方性震级$M_L$和短周期体波震级$m_b$,SK是基式中长周期地震仪器,用于测定面波震级$M_S$和中长周期体波震级$m_B$,763是长周期地震仪器,用于测定面波震级$M_{S7}$。图4-2是现在国家地震台网使用的甚宽频带数字地震仪器,BBVS-120、CMG-3TB、STS-2.5和CTS-1的频带范围为120s-40Hz,JCZ-1的频带范围为360s-40Hz。从图4-2可以看出,现代的数字地震仪器的仪器特性与传统的模拟地震仪器特性已完全不同,震级的测定方法和使用的计算公式也就完全不同。

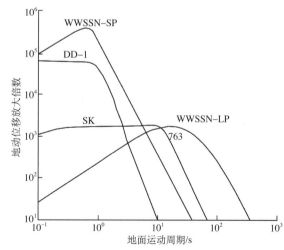

图4-1 模拟地震仪器的幅频特性

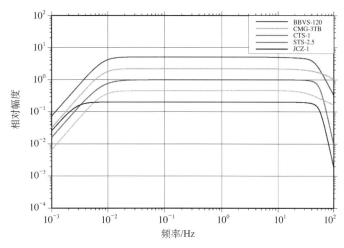

图4-2　数字地震仪器的幅频特性

## 二、震级测定方法取得重要进展

近年来，利用宽频带数字地震资料开展震级测定方法研究已取得一些重要进展。体波震级量规函数$\sigma(\Delta, h)$的物理意义是补偿振幅随距离和深度变化的衰减，并没有考虑到它与频率的关系，这实际上是一个严重的疏忽。杜达（S.J.Duda）和雅诺夫斯卡亚（T.B.Janovskaya）在理论上已经证明：当$T<1s$时，P波的量规函数$\sigma(\Delta, h)$的差异会使震级偏高0.6；然而，当$T>4s$时，震级会偏小0.3，使得在中长周期范围内确定的震级会产生偏差（Duda and Yanovskaya，1993）；对于地方性震级的量规函数$\sigma(\Delta)$，其他地区的震源有可能比美国南加利福尼亚州深很多，因此应该使用$\sigma(\Delta, h)$，或至少用"倾斜"的震源距$R=\sqrt{\Delta^2+h^2}$来代替地方性震级公式中的震中距$\Delta$；受传播路径的影响，面波震级有很明显的区域偏差。地震波在地壳和上地幔内的速度横向不均匀和板块边缘的折射都能引起很明显的聚焦和散焦作用，这使得局部的$M_S$震级会偏高或偏低（Lazareva and Yanovskaya，1975）。Abercrombic（1994）认为陆地面波震级偏高的主要原因是地震矩而不是震源过程的差异。因此，为了获得稳定准确的应变率和灾害评估，应在全球各地区建立面波震级与矩震级关系式；2004年12月26日印度尼西亚苏门答腊岛—安达曼地震发生以后，地震海啸预警引起了全球的普遍关注，美国、德国、日本、中国的地震台网开始研制地震参数自动测定软件，德国地学研究中心（GFZ）使用中长周期体波震级$m_B$测定6.0级以上地震的震级取得了很好的效果，不仅利用体波数据快速测定出$m_B$，并且通过对比研究发现所测得的$m_B$与矩震级$M_W$差别并不大，于是在德国援建印度尼西亚的海啸预警台网中测定$m_B$用于地震海啸预警工作。后来鲍曼教授考虑到大地震的震源过程是由多次破裂组成，提出了计算累积体波震级$m_{BC}$的方法（Bormann and Wylegalla，2005），能够在比较短的时间内测定的震级与矩震级相一致。

## 三、矩震级测定已能够纳入日常工作

从1981年开始，美国哈佛大学的杰旺斯基（Dziewonski et al.，1981）等人利用长周期体波和地幔波进行矩张量反演矩心矩张量解（Centroid Moment Tensor，CMT）；从2006年起，哈佛大学和哥伦比亚大学拉蒙特–多赫蒂地球观象台(Lamont–Doherty Earth Observatory, LDEO) 快速测定全球5.5级以上地震的地震矩张量和震源机制解，系统地测定全球5.0级以上地震的地震矩张量和震源机制解，并发布矩震级$M_W$，一般情况下在震后3～4个月提供系统服务；美国地质调查局、东京大学地震研究所等机构也能够快速测定全球5.5级以上地震的震源机制解和矩震级$M_W$。这使得美国地质调查局、日本气象厅等机构能够在地震发生以后在网站上快速发布矩震级$M_W$。

2008年汶川地震以后，地震应急工作对地震台网的产出提出了更高的要求，在中国地震局的组织下，由中国地震局地球物理研究所、中国地震局地震预测研究所和中国地震台网中心等单位，逐步建立起了大震应急产品产出体系，及时产出震源机制解、震源破裂过程和矩震级等地震应急数据产品，这些数据产品在以后的地震应急中发挥了很好的作用。经过几年的发展，能够产出稳定、可靠的矩震级，为在国家地震台网中心和区域地震台网中心日常产出矩震级打下了坚实的基础。

## 四、IASPEI已制订了新震级标准

进入21世纪以后，各个国家投入大量资金建立了不同尺度的数字地震台网，由于震级测定方法的不同，使得不同国家测定的震级差别很大，特别是对于越大地震差别就越大。数字地震仪器具有频带宽、动态范围大等特点，在推动地学研究方面发挥了重要的作用，但在震级测定方面出现了一些问题。主要问题是由于地方性震级、体波震级和面波震级的测定都是基于传统短周期地震仪器、长周期地震仪器的量规函数，如果使用宽频带数字地震资料直接测定震级，就不能使用传统短周期地震仪器、长周期地震仪器量规函数。

针对宽频带数字地震观测资料的特点，IASPEI震级测定工作组制定了新的震级标准。IASPEI新震级标度包括地方性震级$M_L$、20s面波震级$M_{S(20)}$、宽频带面波震级$M_{S(BB)}$、短周期体波震级$m_b$、宽频带体波震级$m_{B(BB)}$、区域Lg震级$m_{b(Lg)}$和矩震级$M_W$，现已提供给各国使用（http://www.iaspei.org/commissions/CSOI/Summary_WG-Recommendations_20110909.pdf）。

## 五、震级测定的时效性有新要求

2000年以后，国际主要地震机构充分利用宽频带数字地震记录便于计算机自动分析处理的特点，逐步实现了发震时间、地震位置（震中位置和震源深度）和震级的自动测定。每当大地震发生以后，美国地质调查局国家地震信息中心（USGS/NEIC，http://www.usgs.gov）、欧洲地中海地震中心（EMSC，http://www.emsc-csem.org）、俄罗斯科学院（RAS，http://www.ras.ru）等国际地震机构也会迅速测定地震参数并在各自网站上发布。瑞士地震服务中心（SED）收集全球主要地震机构测定的地震参数，并在其网站上（http://www.seismo.ethz.ch）发布。

2008年汶川地震以后，地震应急工作对地震参数的测定与发布的时效性提出了更高的要求。从2013年4月1日起中国地震局自动地震速报系统投入运行，一般情况下对于中东部地震在1分钟内测定出地震参数，2分钟内将地震信息发布到相关人员的手机上，并通过中国地震局网站（http://www.cea.gov.cn）、中国地震信息网(http://www.csi.ac.cn)、新浪微博、腾讯微博、新华社、中央电视台等媒体向社会公众发布，为地震应急工作赢得了宝贵的时间。

如果按GB 17740—1999《地震震级的规定》的要求，在测定地震震级$M$时，需要将宽频带数字地震记录仿真成基式（SK）中长周期记录，然后在两水平向量取面波的最大振幅和周期计算震级，不便于计算机自动测定地震震级。

# 第五章　震级测定的相关问题

地震震级的测定是地震监测的一项重要工作，地震发生在地下几千米到700多千米，而地震台站却分布在地表，要快速、准确地测定出震级大小并不是一件容易的事。为便于公众对地震这种自然现象有基本的认识，并了解地震震级的测定方法和测定过程，本章简要地介绍有关地震的基本知识和震级测定的相关问题。

## 第一节　地震及其参数测定

地震即大地震动。

我们脚下的大地并不是平静的。有时，地面会突然自动地晃动起来，振动持续一会儿后便渐渐地平静下来，这就是地震。地震实际上是能量从震源区突然释放出来而引起的急剧变动，以及由此而产生的地震波现象。

地震参数是描述地震基本特征的物理量。随着数字地震学和地震观测技术的不断发展，能够测定的地震参数在不断增加，如震源机制解、地震矩张量、地震能量，等等。地震基本参数是指地震的发震时间、地震位置（震中经度、纬度，震源深度）和震级，地震基本参数又称"地震三要素"。震级是表示地震本身大小的一个量，是地震基本参数之一。

### 一、地震是一种自然现象

地震和刮风、下雨一样，是一种自然现象。

地球上每天都会有地震，但不是每天都有大地震。如果地震引起的地面振动很强烈，便会造成房倒屋塌、山崩地裂，给人类生命和财产带来巨大的危害。作为一种自然现象，地震最引人注意的特点是它的突发性和破坏性。每年全球的地震台网记录到的地震有500万次，只不过绝大多数地震人们感觉不到，只有灵敏的地震仪器可以记录到这些地震，图5-1是美国地震学研究联合会（IRIS）统计的全球每年记录到的地震数量，图左边的刻度给出了地震震级的大小，图右边的刻度给出地震等效能量释放，中间的数字给出的是全球每年发生地震的数量。

从图5-1中可以看出，震级相差1.0级，地震数量相差大约一个数量级，全球每年记录到4.0级地震约1.2万个，记录3.0级地震约10万个，而记录2.0级地震约100万个。每年大约有10万次地震（$M \geq 3$）可以被震中附近的人感觉到，有几千次地震（$M \geq 5$）会有较轻的破坏，其中有100次$M > 6$的地震会在人和建筑物较多的地区造成比较重的破坏，每年约有1～3次$M \geq 8$的地震会造成大范围的破坏和灾难。

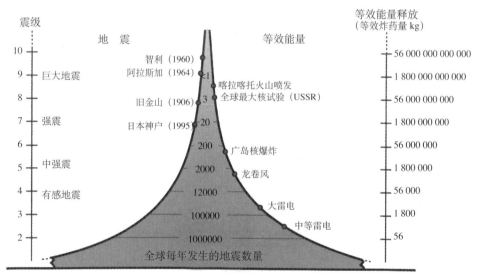

图5-1　全球每年记录到的地震数量统计

（引自http://www.iris.edu/hq/inclass/poster/exploring_the_earth_using_seismology）

### 1. 名词与术语

（1）震源。地球内部发生地震的地方称为震源，理论上将震源看成一个点，而实际上是一个区域。

（2）震中。震源在地面上的投影称为震中，在一般情况下震中区是受地震破坏最严重的地区。

（3）震源深度。震源与震中的距离称为震源深度。

（4）震中距。震中至某一指定地点的地面距离称为震中距。

（5）震中位置。震中的地理经度和地理纬度。

（6）发震时刻。地震波开始传播的时间，通俗地讲就是地震发生的时间。在国际上采用UTC（协调世界时）时间，我国国家地震台网采用的是UTC时间，省级地震台网、地方地震台网采用北京时间，北京时间比UTC早8小时。

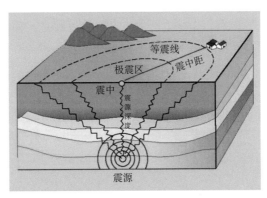

图5-2　地震构造示意

## 2. 地震分类

在科学中最基本的知识是分类，分类反映了人们对自然现象的认识水平。根据不同的研究，可以从不同的角度对地震进行分类。

（1）按地震成因。按地震成因划分，地震分为天然地震、诱发地震和人工地震。

**天然地震**

天然地震是地球内部活动引发的地震。天然地震又分为构造地震、火山地震和陷落地震。

构造地震是构造活动引发的地震，全球90%以上的天然地震都是构造地震。

火山地震是由于火山活动（喷发、气体爆炸等）引发的地震，全球大约7%的天然地震是火山地震。

陷落地震是由于地下岩层陷落引起的地震，占全球地震总数的3%左右。

**诱发地震**

人类活动引发的地震，主要包括矿山诱发地震和水库诱发地震。矿山诱发地震是矿山开采诱发的地震，水库诱发地震是水库蓄水或水位变化弱化了介质结构面的抗剪强度，使原来处于稳定状态的结构面失稳而引发的地震。

**人工地震**

爆破、核爆炸、物体坠落等产生的地震。炸药在岩土中爆炸，一部分爆炸能量转化为弹性波在地层中传播而产生地震。根据工业爆破的经验，爆破产生的地震能量大约占爆炸总能量的2%～6%。井下开采进行爆破所使用的药量有的能达到200～300吨，一次露天矿剥离工程爆破药量常达几千吨甚至万吨以上。核爆炸是核武器或核装置在几微秒的瞬间释放出大量能量的过程。按核爆炸时的环境条件不同，核爆炸的方式有地下爆炸、水下爆炸、地面爆炸、大气爆炸和外层空间爆炸5种类型。核爆炸地震学的研究对象主要是地下核爆炸、水下核爆炸和地面核爆炸，其中以地下核爆炸为主。

（2）按震源深度。20世纪初到20世纪30年代末，地震学家发现了地壳、地幔、液态外核和固态内核，对地球内部结构的认识反过来使地震学家可以准确地测定地震的位置，尤其是地震的深度。

浅源地震：震源深度小于60km的地震。

中源地震：震源深度大于等于60km、小于300km的地震。

深源地震：震源深度大于等于300km的地震。

对于同样大小的地震，由于震源深度不一样，对地面造成的破坏程度也不一样。震源越浅，破坏越大，但波及范围也越小。震源越深，对地面造成的破坏就越小。

（3）按距离远近。从地震波的传播过程来讲，随着震中距的增大，地震波将逐渐衰减。这是因为传播过程中介质的非弹性以及介质的内摩擦导致能量损失，使得振幅衰减。因此，随着波的传播路径的增加，波的振幅将逐渐减小，波的周期逐渐增大。对于远震，波的周期较近震长。

地方震：震中距小于100km的地震。

近震：震中距大于等于100km、小于1000km的地震。

远震：震中距大于等于1000km、小于105°的地震。

极远震：震中距大于等于105°的地震。

## 二、地震波——携带地震信息的载体

在物理学中，波是在空间以特定形式传播的物理量或物理量的扰动。波动是物质运动的重要形式，广泛存在于自然界，如：电波、光波、声波、超声波、水面波、地震波，等等。不同形式的波虽然在产生机制、传播方式和与物质的相互作用等方面存在很大差别，但在传播时却表现出多方面的共性，可用相同的数学方法描述和处理。按性质分，波分为机械波和电磁波两种。

电磁波是由同相且互相垂直的电场与磁场在空间中衍生发射的震荡粒子波，是以波动的形式传播的电磁场，具有波粒二象性。电磁波是由同相振荡且互相垂直的电场与磁场在空间中以波的形式移动，其传播方向垂直于电场与磁场构成的平面，在真空中速率固定，速度为光速。对于电磁波，介质并不是必要的，传播的扰动不是介质的移动而是场，其传播规律满足麦克斯韦方程组。

机械波振在介质中的传播称为机械波。一般的物体都是由大量相互作用着的质点所组成的，当物体的某一部分发生振动时，其余各部分由于质点的相互作用也会相继振动起来，物质本身没有相应的大块的移动。例如，沿着弦或弹簧传播的波、声波、水波。我们称传播波的物质叫介质，它们是可形变的或弹性的和连绵延展的。

地震波是地震时从震源发出的，在地球内部和沿地球表面传播的波。地震波属于机械波，在地球内部传播的地震波既有纵波也有横波。

（1）纵波。在地震学中纵波用符号P表示，纵波反映的是地球介质的体应变，在到达地面时人感觉颠簸，物体上下跳动。

（2）横波。在地震学中横波用符号S表示。横波则反映地球介质的剪切应变，到达地面时人感觉摇晃，物体摆动。

（3）面波。在地震波中还有一类沿着地球表面传播的波，称为面波。

纵波和横波统称为体波。

在一般情况下，面波的幅度要比P波和S波的幅度大。地震波从震源传播到地震台站需要时间，P波最快，S波次之，而面波最慢。

根据地震波传播的波动方程，P波和S波的传播速度如下：

$$V_{P}=\sqrt{\frac{\lambda+2\mu}{\rho}} \tag{5.1}$$

$$V_{S}=\sqrt{\frac{\mu}{\rho}} \tag{5.2}$$

式中，$V_P$是纵波速度；$V_S$是横波速度；$\lambda$和$\mu$是拉梅参数；$\lambda$没有直接的物理解释；$\mu$又称剪切模量；$\rho$是介质密度。粗略地讲，在地壳中P波速度约为6.0km/s，S波速度约为4.0km/s，而面波速度约为3.0km/s。

由于P波和S波的震动方向不同，传播的速度也不同，因此在地震时，人们往往首先感觉到上下颠簸，然后感觉左右或前后的水平晃动。

2008年5月12日北京时间14点28分在我国四川省汶川县发生了8.0级地震。图5-3是根据P波传播速度给出的P波传播时间的示意图，图中黄色三角表示地震台站位置，等值线及数字表示P波传播的理论走时，单位为分钟。四川省大部分地区在地震发生1分钟内就感觉到了地震动，北京地区在震后3分10秒左右感觉到了地震动，而黑龙江省大部分的地震台站在震后5分钟后才接收到P波，从图5-3可以看出，使用面波测定地震的震级则需要的时间就更长一点。

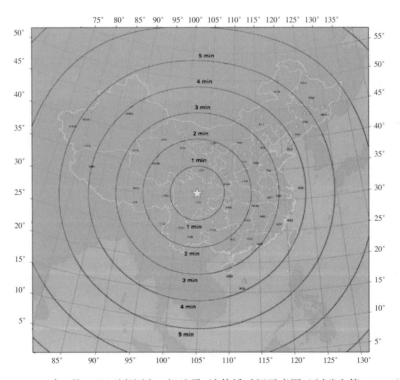

图5-3　2008年5月12日四川汶川8.0级地震P波传播时间示意图（刘瑞丰等，2015）

### 三、地震仪——接收地震波的仪器

望远镜是接收光波的仪器，听诊器是接收声波的仪器，那么接收地震波的仪器是什么呢？接收地震波的仪器就是地震仪。

地震仪是一种监视地震的发生、记录地震相关参数的仪器。最早的接收地震波的仪器是张衡在公元132年发明的候风地动仪，当时我们的祖先已经懂得，地震波是从远处一定方向传播而来的地面运动。

1875年意大利科学家发明了近代地震仪器，能够完整记录地震波形。20世纪70年代随着电子反馈技术和数字化技术的发展，人类的地震观测逐步进入数字化时代，由此而发展起来的宽频带、大动态、高精度的数字地震仪器成为研究地震波传播规律和开展地震定位、震级测定的常规武器。

中国第一个地震观测台是1930年由著名地震学家李善邦主持建立的，位于北京鹫峰。经过半个多世纪的奋斗，我国地震台网的建设得到了迅速的发展，目前运行的1000多个地震台站全部是数字化地震台站。监测不同距离的地震，使用不同频带宽度的地震仪器记录地震波的效果会更好，这如同我们看近处微小的物质要用显微镜，看远处的物体要用望远镜，看遥远的天体要用射电望远镜一样。区域地震台站配置了宽频带地震仪器或短周期地震仪器，国家地震台站配置了甚宽频带地震仪器或超宽频带地震仪器。图5-4是我国地震台站使用的国产甚宽频带地震仪器。

图5-4　我国地震台站使用的数字地震仪器

## 四、在不同距离上"看"地震波

地震波属于机械波，随着距离的不同，地震波的传播路径也不同，在不同距离上用地震仪"看"到的地震波特征也不同。

（1）100km以内。由于震源与地震仪之间的记录较近，基本上是直达P波、S波，振动时间短，一般为1~2分钟，地震波的高频成分比较丰富，地震波的频率一般在0.2~100Hz，正是这些高频成分造成了地面上普通建筑物的破坏。监测100km以内的地震一般使用短周期地震仪，监测100km以内的大地震用强震仪。图5-5是昆明地震台记录到的云南武定地震宽频带记录，震中距为95.2km（0.85°）。

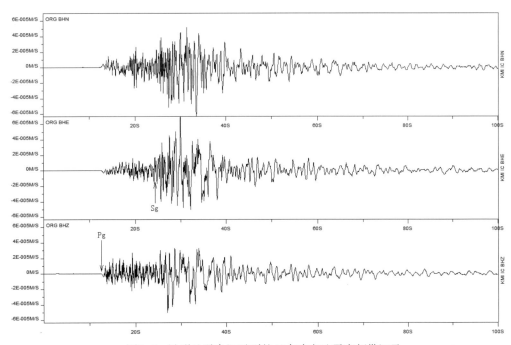

图5-5  昆明地震台记录到的云南武定地震宽频带记录

2002/10/19 11：11：33.6 25.86° N 102.27° E $M_S$: 4.3 $H$: 9km $\varDelta$: 0.85° $a$: 330.20°

（2）100~1000km。地震波在地壳内传播，振动周期比较短，一般在0.1~2.0s，大多为0.5s，振动持续时间不长，一般在2~5分钟。除了直达P波、S波外，还有反射波和转换波，还可以观测到"发育"不是很好的面波。监测100~1000km的地震一般使用短周期地震仪，或宽频带地震仪。图5-6是昆明地震台记录到的中缅边境地区的地震宽频带记录，震中距是425.6km（3.8°）。

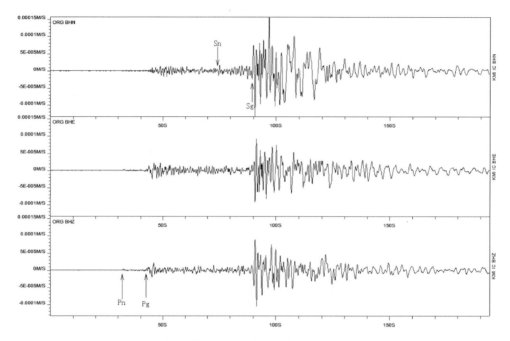

图5-6　昆明地震台记录到的中缅边境地区的地震宽频带记录
2011/08/09 19：50：17.3 25.00° N 98.70° E $M_S$: 5.2 $H$: 11km $\varDelta$: 3.8° $a$: 268.7°

（3）1000km以外。地震波可以分成两类，一类是体波，体波可以穿过地壳、地幔和地核；另一类是面波，面波沿地球表面传播，具有广阔的空间去"驰骋"。由于体波的几何衰减是"立体"的，而面波的几何衰减是"平面"的，面波的衰减比体波的衰减慢得多，在这种情况下面波成为地震波的主角，此时地震波以长周期为主。监测1000km以外的地震一般使用宽频带地震仪，或甚宽频带地震仪。

图5-7是兰州地震台宽频带记录的智利中部沿岸近海的宽频带记录，震中距为19854.2km（177.27°）。可以看出，此震例Rm-P＞44分钟，震波持续时间在1小时30分钟以上，面波发育，判断此震例为浅源极远震。P波最先到达，随后是S波，波形幅度最大的部分就是面波，对于5.0级以上地震，测定震级要使用面波。

从图5-5～图5-7可以看出，从不同的震中距"看"地震波的性质是不同的，地方震以高频地震波为主，持续时间较短，一般为1～2分钟，地震台站要利用地震仪器的记录数据测定地方性震级。近震的振动周期比较短，振动持续一般在2～5分钟，能够记录面波，地震台站要利用地震仪器记录数据测定地方性震级、面波震级、体波震级。远震和极远震的振动周期较长，持续时间较长，地震台站要利用地震仪器记录数据测定面波震级。

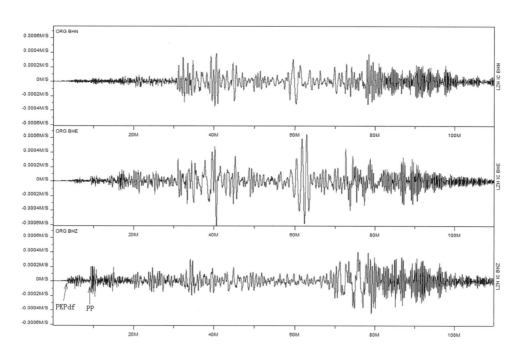

图5-7　兰州地震台宽频带记录的智利中部沿岸近海的宽频带记录

2010/02/27　06：34：14.0 35.80° S 72.80° W $M_S$: 8.8 $H$: 35km

## 五、地震台网——监测地震的技术单元

地震台网是由若干地震台站、数据通信系统和地震台网中心组成的地震监测网络。地震发生时，地震台站的地震仪记录到地震波形数据通过数据通信系统实时传输到地震台网中心，地震台网中心的工作人员利用各个台站记录到的地震波形数据，就可以快速测定出地震参数，为地震应急和科学研究提供基础资料。按地震台网的组网形式来分，地震台网分为固定地震台网和流动地震台网；按监视范围分为全球地震台网、国家地震台网、区域地震台网和地方地震台网。

从1996年开始，国家地震局（现中国地震局）进行了大规模数字地震观测系统建设，通过"中国数字地震监测系统"、"中国数字地震观测网络"和"中国地震背景场探测"3个重点项目的实施，已建成由国家地震台网、区域地震台网和流动地震台网组成的数字地震观测系统。

（1）国家地震台网。国家地震台网是一个覆盖中国的地震监测台网，地震台站布局采用均匀分布的原则，从1996年"中国数字地震监测系统"项目实施起，到

话说震级——新震级国家标准的社会应用

2000年底共建成48个国家地震台站；"中国数字地震观测网络"项目2001年开始设计，2003年开始实施，到2007年底建成由152个台站（含境外7个台站）及和田、那曲2个小孔径台阵；"中国地震背景场探测"项目2007年开始设计，2008年实施，2015年12月完成，新建18个国家地震台站及格尔木1个小孔径台阵。到2015年12月，国家地震台网共有170个地震台站和3个小孔径台阵，而每个台阵各有10个子台，共30个子台。国家地震台站分布见图5-8。

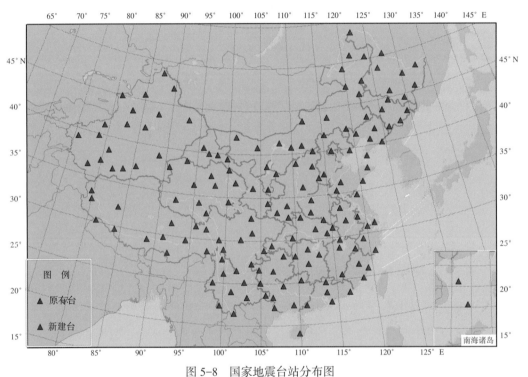

图 5-8　国家地震台站分布图

（红色三角是2007年以前建设的台站，蓝色三角是2007年以后建设的台站）

（2）区域地震台网。"中国数字地震监测系统"项目建成20个区域数字地震台网，包括台站353个，其中井下台53个。1999～2001年，通过"首都圈防震减灾示范区工程"实施，建设实时传输的首都圈地震台网，该台网由107个台站组成；在"中国数字地震观测网络"项目中建成由685个台站组成的31区域地震台网，加上已建成的首都圈107个区域地震台站，台站总数达792个；在"中国地震背景场探测"项目中，新建67个地震台站，其中陆地台60个，海岛台7个。到2015年12月，中国31个省、自治区和直辖市均建立了各自的区域地震台网，台站总数为859

64

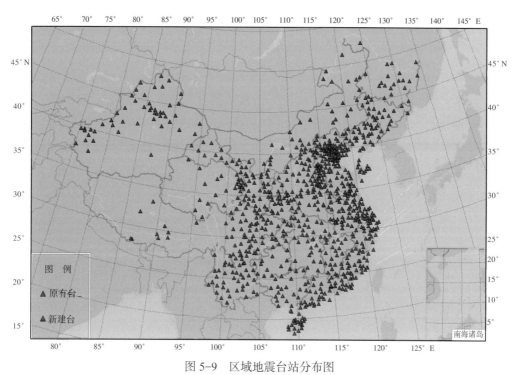

图 5-9 区域地震台站分布图
（红色三角是2007年以前建设的台站，蓝色三角是2007年以后建设的台站）

个。另外，建成6个火山地震监测台网，包括33个子台。区域地震台站分布见图5-9。

（3）地方地震台网。2008年汶川地震后，一些市、县级地方政府和大型水库、梯级水电站、核电站、油田、煤矿和铁路等企业相继建设地方地震台网和专用地震台网。

截至2015年12月，31个省、自治区、直辖市地震局和中国地震局地球物理研究所均有各自的地震现场应急流动台网，共291套地震仪器。科学探测台阵配置流动地震观测仪器总数为1100套，初步具有获得全国地震背景场中高分辨的壳幔介质三维结构所需的探测能力。

从地震数据传输来讲，已经实现了从地震台站到省级地震台网中心，从省级地震台网中心到国家地震台网中心的数据实时传输。图5-10是从31个省级地震台网中心到国家地震台网中心的地震专用数据通信网络。

各省级地震台网根据当地通信的实际情况，采取了形式多样的数据通信方式，将地震台站的数据实时传输到省级地震台网中心。山西地震台网作为"十五"期间"中国数字地震观测网络"项目的试点工程，首次应用SDH同步数字传输体系，全

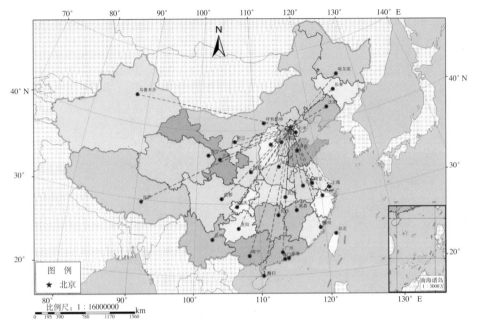

图5-10  31个省级地震台网中心到国家地震台网中心的地震专用数据通信网络

网实现光纤传输，传输网络为三层结构，由区域中心节点、汇聚节点、测震台站组成，主干采用SDH，备份采用InternetVPN，山西地震台网通信链路见图5-11（中国地震局监测预报司，2017）。

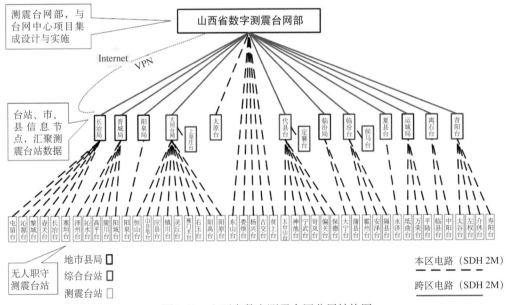

图5-11  山西省数字测震台网分层结构图

广东地区经济发达，数据通信的形式多样，广东地震台网采用多技术混合组网方式，使用了SDH、DDN、ADSL、CDMA/VPN、GPRS、卫星、InternetVPN等多种数据传输与汇集技术，广东地震台网通信链路见图5-12（中国地震局监测预报司，2017）。

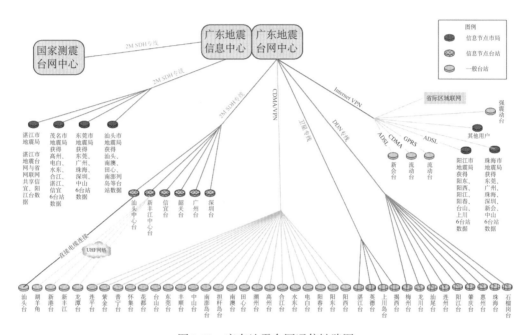

图5-12　广东地震台网通信链路图

经过多年努力与不断探索，中国地震观测系统的运行和产出初步实现"地震仪器数字化、观测系统网络化、地震速报自动化、地震编目一体化、应急产品标准化、流动观测常态化、仪器维修专业化"的新模式，显著提高了地震观测系统的总体效能。

## 六、地震目录——记录地震的清单

地震目录是指按时间顺序，对地震的主要参数进行收录，编辑成目录资料。

在早期的地震目录中，只有关于地震发生的时间、地震和破坏情况的不完整的、相对粗略和定性的记载。20世纪30年代提出了震级的概念，使对地震大小的描述向着定量化的方向迈进一大步。随着地震学的发展，20世纪50年代以后，包括时间、地点和震级的"地震三要素"的准确测定，所编制的比较完整的地震目录开始在地震学研究、构造地质学研究和地震预测研究中发挥作用。20世纪80年代以后，数字地震学得到了迅速的发展，与此同时，地震目录也开始在数量上和质量上出现前所未有的变化。

美国哈佛大学从20世纪70年代开始测定全球5.5级以上地震的震源机制解和矩心矩张量（CMT）目录（http://www.seismology.harvard.edu），2006年夏天，哈佛大学CMT项目更名为"全球矩心矩张量项目"（The Global CMT Project, GCMT），由哈佛大学和哥伦比亚大学拉蒙特−多赫蒂地球观象台(Lamont-Doherty Earth Observatory, LDEO）共同承担该项工作（http://www.globalcmt.org）。美国国家地震信息中心（NEIC）从20世纪80年代开始进行宽频带辐射能量的测定，并在地震目录中增加一些新的震源参数，如：节面Ⅰ和节面Ⅱ的走向$\varphi_s$、倾角$\delta$和方位角$\lambda$，$P$轴、$T$轴和$B$轴的本征值$V_{al}$、方位角$A_z$和出射角$P_{lg}$、地震矩张量等。2000年以后日本用区域地震台网和地方地震台网的资料测定中小地震的地震矩张量，所得的结果以地震矩张量目录的形式进行国际资料交换（Http://argent.geo.bosai.go.jp）。在国际地震中心（ISC）出版的地震目录中，已经将GCMT测定的震源机制解和矩心矩张量（CMT）等震源参数与"地震三要素"一起在地震目录中列出。

2008年5月12日四川汶川$M_S$8.0地震发生以后，地震应急工作对地震台网的产出提出了更高的要求，2008年11月中国地震局下发了《关于强化地震观测台网产出试行工作的通知》（中震测发〔2008〕168号），由中国地震台网中心牵头，联合中国地震局地球物理研究所、中国地震局地震预测研究所、中国地震局地质研究所、中国地震局地壳应力研究所、福建省地震局以及云南省地震局等多家单位参与大震应急产出团队。通过几年的努力，逐步建立起了大震应急产品产出体系，及时产出震源机制解、震源破裂过程、地震烈度分布、地震动强度分布、应力触发、地震精定位结果等地震应急数据产品，这些数据产品在以后的地震应急中发挥了很好的作用。目前对于国内5.0级以上地震和国外7.0级以上地震，应急数据产品种类多达12类之多。这些地震应急数据产品，已成为领导和科研工作者查阅的第一手基础资料，及时有效地服务于领导决策和科学救灾。

# 第二节　震级测定的基本知识

震级的测定精度与地震台站的分布有着密切的关系，由于震源的复杂性和地球介质的复杂性，不同台站之间、不同台网之间测定的震级会有一定的差别，有时还要对震级进行修订，对于大地震还会出现震级"饱和现象"，为使社会公众对这些问题有一定的了解，本节介绍一下震级测定的相关知识。

## 一、震级饱和性

地震学家通过大量的研究发现，无论是地方性震级、面波震级，还是体波震级，都具有"震级饱和"现象。

通俗地讲，"震级饱和"就是当地震所释放的能量增大的时候，震级却不再增大。因此面对大地震时，采用这些震级标度会低估地震的能量，这对于地震活动性的统计非常不利。

早在1973年，Hileman等（1973）在统计美国南加州40多年的地震观测资料时发现，该地区记录地震的最大震级是$M_L6.8$，而在地震观测报告中1934年12月31日地震的面波震级为$M_S7.1$，1952年7月21日地震的面波震级为$M_S7.7$，这说明对于7.0级以上地震来说，地方性震级$M_L$出现饱和现象。后来，钦纳瑞和诺斯也发现了体波震级和面波震级同样有饱和现象，只不过地方性震级、体波震级和面波震级的震级饱和值各不相同。

1977年美国加州理工学院的地震学家金森博雄（Kanamori，1977）在研究大地震能量时发现：对于大地震，当地震震源破裂尺度大于测定震级所使用的地震波的波长时，所测定的震级达到饱和。

金森博雄（Kanamori，1983）对各种震级标度之间的关系进行了总结，并给出了由于观测误差和应力降、断层的几何形状、震源深度等震源性质的复杂性所产生的震级变化范围。不同的震级标度，震级饱和情况也不一样。各种震级的优势周期和饱和震级的大小见表5-1，可以看出，测定震级所使用地震波的优势周期不同，饱和震级也不同，优势周期越短，饱和震级就越小。最早出现饱和的是短周期体波震级$m_b$，然后是地方性震级$M_L$和中长周期体波震级$m_B$，最后达到饱和的是面波震级$M_S$。震级饱和现象是震级标度与频率有关的反应。

表5-1　各种震级的饱和震级

| 震级名称 | 优势周期/s | 饱和震级 |
|---|---|---|
| $m_b$ | $T \approx 1$ | 6.5 |
| $M_L$ | $T \approx 0.1 \sim 3$ | 7.0 |
| $m_B$ | $T \approx 0.5 \sim 15$ | 8.0 |
| $M_S$ | $T \approx 20$ | 8.5 |

根据国家标准GB 17740—1999《地震震级的规定》的要求，我国地震台网在对外发布地震的震级时要使用面波震级$M_S$。因此，对于8.5级以上地震就会出现饱和现象。自从GB 17740—1999实施以来，中国地震台网遇到两次面波震级饱和现象。

2004年12月26日，在印度尼西亚苏门答腊岛—安达曼西北近海海域发生了一次强烈地震，中国地震台网中心速报的面波震级为$M_S 8.7$。美国国家地震信息中心（NEIC）对此次地震的速报震级为$M_W 9.0$。由于面波震级处于饱和状态，因此中国地震台网中心的速报震级明显偏低。

2011年3月11日，日本东北部海域发生了强烈地震，中国地震台网中心利用国家地震台网的实时观测数据立即进行了分析和计算，震级测定为$M_S 8.6$，震后32分钟完成了本次地震的速报。随后台网中心利用国家地震台网和全球地震台网的资料对这次地震的参数进行了详细测定，采用了77个台站参与了震级的计算；在全球地震台网中有35个台站参与了震级的计算，测定的结果是面波震级为$M_S 8.7$。由于地震很大，面波震级出现了饱和现象。

中国地震台网中心利用国家地震台网和全球地震台网记录的远场波形资料，反演了此次地震震源破裂时空过程。根据波形资料的信噪比和台站分布情况，选取了24个P波、21个SH波数据。同时，为了更好地约束标量地震矩的大小，增加了48个长周期的面波资料（周期范围为167～333s）。基于波形反演技术计算得到了断层面上的时空破裂过程，反演得到的标量地震矩约为$4.8 \times 10^{22} N \cdot m$，矩震级为$M_W 9.0$。在3月16日将该地震的震级修订为矩震级$M_W 9.0$，并向社会发布。

## 二、震级多样性

对于地方性震级、体波震级和面波震级，并非所有的地震都可以用同一把"尺子"来量度，也就是说不可能使用任何一种震级都能客观地表示所有地震的大小，这就是震级的多样性。因此，GB 17740—2017规定了地方性震级$M_L$、短周期体波震级$m_b$、宽频带体波震级$m_{B(BB)}$、面波震级$M_S$、宽频带面波震级$M_{S(BB)}$和矩震级$M_W$测定方法。

随着地震震中距的范围不同、地震大小不同、震源深度的不同，各地震台站只能选用相应的震级标度来测量。实际的震级测定是非常复杂的，对于一个地震不一定能够测定出地方性震级$M_L$、面波震级$M_S$、宽频带面波震级$M_{S(BB)}$、短周期体波震级$m_b$、宽频带体波震级$m_{B(BB)}$和矩震级$M_W$等全部6种震级。例如：对于震源深度大于60km的地震，面波可能不发育，就不能测定面波震级$M_S$或宽频带面波震级$M_{S(BB)}$；在华中、华东等地区，对于4.0级以上浅源地震就可以利用近场短周期面波测定面波震级，而在川滇地区、青藏地区，对于4.5级以上地震才可能记录到短周期面波；对于7.0级以上地震，近场S波或Lg波限幅，就不能测定地方性震级或面波震级，等等。

也就是说，对于大小不同的地震使用不同的震级标度更能客观地表示地震的大小，并且不同震级之间一律不进行转换。这就像描述一件衬衫的大小一样，通常用领口的尺码还不够，还要有衣长、胸围、腰围、肩宽、袖长等尺寸，对于胖瘦、身高不同的人，这些尺寸不能相互折算，只有量体裁衣，才能做出合体的衬衫。对于震级的测定也是这样，对于不同地方、不同深度的地震，只有测定出不同标度的震级，才能客观地表示出地震的大小。近期的研究得到如下结果（刘瑞丰等，2015）。

（1）当震中距小于1000km时，用地方性震级$M_L$可以较好地表示地震的大小；

（2）当$4.5 < M < 6.0$时，$m_B > M_S$，这说明$M_S$标度低估了中强地震的震级，用$m_B$可以较好地测定中强地震的大小；

（3）当$M > 6.0$时，$M_S > m_B > m_b$，这说明$m_B$与$m_b$标度低估了较大地震的震级，用$M_S$或$M_{S(BB)}$可以较好地测定出较大地震（$6.0 < M < 8.5$）的大小；

（4）当震源深度大于60km时，面波不发育，用短周期体波震级$m_b$或宽频带体波震级$m_{B(BB)}$可以表示中源地震和深源地震的大小。

由于不同的震级标度使用不同周期和不同波列，而不同周期和不同波列所携带的来自复杂震源过程的信息不同。不同的震级标度反映了地震波在不同周期范围内辐射地震波能量的大小。地方性震级$M_L$的优势周期是0.8s左右，短周期体波震级$m_b$的优势周期是1.0s左右，面波震级$M_S$的优势周期是20s左右；而宽频带面波震级$M_{S(BB)}$和宽频带体波震级$m_{B(BB)}$则充分发挥了宽频带数字地震资料的特点，适用的面波和体波周期范围明显增大，$M_{S(BB)}$的周期范围为$3\sim60s$，$m_{B(BB)}$的周期范围为$0.2\sim30s$。

由于不同震级所表示的意义不同，因此在实际地震监测工作中，区域地震台网在进行地震速报时，不允许使用经验公式将地方性震级$M_L$转换为面波震级$M_S$对外发布地震信息。

## 三、测定时效性

从测定方法来讲，地震参数应当用方位分布均匀、震中距跨度范围大、尽可能多的地震台站记录进行测定。一般而言，所用的满足上述条件的地震台站数量越大、观测数据越多，测定的结果就越准确。因此，准确测定震级需要一定的时间。这就像做民意调查一样，如果要得到相对准确的结果，就要求被调查的人有广泛的代表性，要有足够的样本数，尽可能覆盖各行各业、覆盖不同的阶层，这样就需要较长的时间。如果随机调查几个人，在很短的时间内也能得到结果，但这样的结果可能不够准确。

从地震应急响应的角度看，几乎所有人都希望能够在第一时间得到地震的基本信息，这就要求地震台网要在尽可能短的时间内快速测定地震发生的时间、地点和震级等地震基本参数，并及时向政府机关和社会公众发布。为了兼顾地震应急和科学研究的实际需求，目前我国的地震参数的测定分为地震速报和精细测定两个阶段。

### 1. 地震速报

地震参数速报简称地震速报，就是使用最先接收到的一些地震台的观测数据进行地震参数的快速测定，并及时发布地震参数信息（图5-13）。地震速报要求时间性强，能利用的台站数量往往受限。为使地震速报既快速又准确，目前我国地震速报采用三阶段速报模式。

（1）自动速报。从地震参数测定到发布全部由计算机自动完成，从2013年4月1日起自动地震速报系统投入运行，在一般情况下对于中东部地震在1分钟内测定出地震参数，2分钟内将地震信息发布到相关人员的手机上，并通过微博在网上发布；而对于西部台站相对比较稀疏的地区，测定时间要长一点。需要注意的是：自

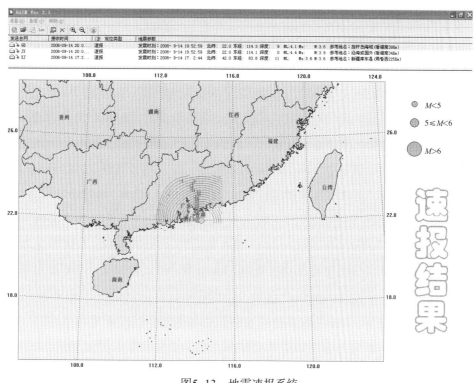

图5-13　地震速报系统

动速报结果毕竟是由计算机自动测定，测定结果有时会有一定偏差，主要是给行政领导和地震应急人员以提示作用。

（2）省级台网初报。利用省级地震台网观测数据，由人机交互的方式初步测定地震参数。由于省级台站相对密集，发震时间和地震位置测定结果比较准确，但由于只使用近台资料，省级台网在测定震级时有时偏差较大。

（3）国家台网终报。利用国家地震台网观测数据，由人机交互的方式测定地震参数。由于国家地震台网孔径较大，测定地震参数比较准确，但需要时间相对较长，中国地震局要把国家台地震网的测定结果向国家有关部门报告，开展地震应急工作，并将地震参数在中国地震局网站（http://www.cea.gov.cn）和中国地震信息网(http://www.csi.ac.cn)上向社会发布。

2. 精细测定

地震参数精细测定是利用所有能得到的、尽可能多的地震台的观测数据重新测定地震参数，编辑出版地震观测报告，为科学研究提供基础资料。我国地震参数精细测定需要汇集国家地震台网、31个省级地震台网约1000个台站的观测资料，同时还要通过国际资料交换汇集国外地震台网约600个台站的观测数据，用于编辑出版《中国数字地震台网观测报告》和《中国地震台站观测报告》。由于汇集地震资料需要一定的时间，在一般情况下完成地震观测报告的编辑时间大约为3周。在一般情况下，地震速报信息要向政府机关和社会公众公布，而地震参数精细测定结果不向社会发布，只供科学研究使用。

美国国家地震信息中心（NEIC）通过国际资料交换的方式收集世界各个国家地震台网的震相数据，编辑《震中初定月报》（*Preliminary Determination of Epicenter Monthly Listing*，简称PDE）观测报告，2个月左右时间完成观测报告的编辑，并提供用户使用（ftp://hazards.cr.usgs.gov）。设在英国的国际地震中心（ISC）是专门从事地震观测资料收集、处理的非政府机构（http://www.isc.ac.uk）。ISC成立于1964年，目前已经收集了全球约6000个台站的震相数据，其中包括中国向ISC提供的24个台的震相观测数据。ISC是收集全球地震震相数据最多的国际机构，这些资料在推动全球地球科学研究方面发挥了重要作用。由于资料收集时间的限制，ISC编辑的地震观测报告《国际地震中心公报》（*Bulletin of the International Seismological Centre*）要滞后2年左右的时间。

## 四、为何准确测定震级难度大

要快速、准确地测定地震的震级并不是一件容易的事，难度主要有以下几点。

### 1. 地震发生在地球深部

地震仪器的出现使人们对地球内部的结构进行了深入的研究，对地球内部结构的了解反过来使地震学家可以准确地测定地震的位置，尤其是地震的深度。早期的地震学有一个认识上的局限，就是认为所有的构造地震都是很浅的。当时地质学家也认为，地震不可能发生在特别深的地方。从20世纪70年代开始，越来越多的观测数据表明，大多发生在地表以下30km深度以上的范围内，而最深的地震发生在地下700多km。如果按震源深度划分，地震分为浅源地震、中源地震和深源地震。据国际地震中心（ISC）资料统计，世界上记录到的震源最深的地震是1933年8月25日9时26分5秒（UTC）发生于印度尼西亚弗洛勒斯海的6.5级地震，震源深度720km（http://www.isc.ac.UK）。

我国大陆地震主要是板内地震，绝大多数地震属于浅源地震，在我国东北珲春地区、台湾地区，中缅边境和西部境外兴都库什地区也有深源地震和中源地震，这些地震在地表很少形成地震灾害，对社会影响较小，常不被社会所关注。

对于同样大小的地震，震源越浅，破坏越大，波及范围越小，反之则相反。破坏性地震一般是浅源地震。如1966年3月8日河北邢台6.8级地震、1966年3月22日河北邢台7.2级地震、1975年2月4日辽宁海城7.3级地震、1976年7月28日河北唐山7.8级地震、2008年5月12日四川汶川8.0级地震均是浅源地震，都给人民的生命和财产造成极其严重的损失。

### 2.地震台站布设在地面

经过多年的发展，中国地震局对已有的地震台站进行数字化改造，并新建设了一些数字地震台站，目前投入实际运行的台站达1000多个。但这些台站基本都建在地面。

为避开各种地面噪声的干扰，提高地震监测能力与分辨率，美国、日本和苏联先后开展了井下地震观测的研究，世界上最深的地震观测项目是美国于2005年完成的在San Andreas断层深钻观测(SAFOD)，地震观测仪器安装在地面以下3.1km。但对于整个地球来讲，地壳的平均深度为33km，地幔的深度是33～2900km，地核的深度是2900～6400km。因此，我们的地震观测就好像在观察一个鸡蛋，还只是在鸡蛋皮上观察，并没有深入到鸡蛋内部。

我国井下地震观测技术的研究，开始于20世纪70年代初期。最初是仪器研制和试验观测，现在我国的井下地震观测技术正从试验性应用阶段向实用化应用阶段过渡。目前已有100多个井下观测地震台，主要分布在京、津、沪三大城市附近及冀、豫、鲁、晋、苏、甘、陕、川、滇、辽等省，观测井的深度一般在300m以内。

### 3.地震大小的范围很大

地震产生的地面震动的幅度范围非常大，对于强烈地震可以使山崩地裂、河流改道，所产生的地面震动可以达到几米，大可到10m。中小地震产生的地面震动为几微米到几厘米，微小地震产生的震动小可到纳米（$1nm=10^{-9}m$），跨越11个数量级。在如此大的地面震动范围内，要定量表示所有地震的大小确实难度很大。

为了能够完整地记录大小不同的地震，地震学家设计了短周期地震仪器、宽频带地震仪器、甚宽频带地震仪器、超宽频带地震仪器和强震动仪器等多种类型的地震仪器，并使用不同的记录频带来测定不同类型的震级。

## 五、为何不同台站测定的震级有差别

对于同一地震，处在不同震中距、不同方位的地震台站测定的震级有的相同，有的不同，有时差别还很大，不同台站测定的震级有时相差0.5级，甚至可以达到1.0级。由于地震过程的复杂性与地震波传播路径介质的复杂性，再加上台站所在位置的地质结构的差异，不同台站测定的震级有一定的差异，这并不是震级测定得不准，而是实际情况的确如此，属于正常现象。

据中国地震台网中心测定，2013年4月20日在四川省芦山县发生了7.0级地震，地震发生以后，我们利用63个国家地震的数据详细测定了面波震级$M_S$，台站的震中距范围在3.2°～27.2°之间，台站的方位分布比较均匀，测定结果见表5-2。

从表5-2可以看出，每一个台站测定的面波震级都不相同，63个台站的平均结果是7.0，测得的面波震级最大的台站有兰州、蒙城、琼中和南京等4个台站，结果是7.3。测得的面波震级最小的台站是攀枝花台，结果是6.6，相差0.7。不同台站之间的震级存在一定的差别，主要原因有以下几点。

### 1.地震波传播路径不同

我们是根据在地面上测到的地面振动的强烈程度来测量地震的震级。但是，因为同样大小的地震所引起的地震动在近的地方振动大，在远的地方振动小，所以必须把它由近到远振动幅度如何变化的规律即衰减规律事先搞清楚。测定震级时遇到的问题是，在地面上测到的地震引起的地面振动，不仅仅是由地震的大小决定的，它还与地震波传播时所经过地方介质的性质大有关系。在不同的地层、沿不同的方位，地震波的速度都不一样，介质对地震波吸收的程度也不一样。如果地震波在路径上遇到断层，地震波在通过断层以后一大部分能量就会被衰减。所以，即使距离相同，在不同方位的地震仪记录到的地震波动幅度也会因传播地震波的介质路径的不同而不同。

### 2.震源辐射的"方向性"

地震是地底下岩石突然的错动，这个错动是有方向性的。地震发生的时候，向四面八方发出的地震波，在幅度上本来就可能不一样，即地震波辐射有所谓的"方向性"。好比电视塔发射电磁波的时候，发出的波在不同方向的强度实际上是不一样的，如果在地磁波传播的路径上有高层建筑、山脉等阻挡物，在不同方位、不同距离上看电视的效果也就不一样。

表5-2 用以测定芦山地震的面波震级$M_S$的台站、震中距、方位角及测定结果

| 序号 | 台站名称 | 台站代码 | 震中距/° | 方位角/° | 震级$M_S$ | 序号 | 台站名称 | 台站代码 | 震中距/° | 方位角/° | 震级$M_S$ |
|---|---|---|---|---|---|---|---|---|---|---|---|
| 1 | 重庆 | CQI | 3.2 | 105 | 7.0 | 33 | 巴里坤 | BKO1 | 15.4 | 332 | 7.0 |
| 2 | 巴塘 | BTA1 | 3.4 | 266 | 7.0 | 34 | 锡林浩特 | XLT | 17.1 | 34 | 7.0 |
| 3 | 攀枝花 | PZH | 3.9 | 196 | 6.6 | 35 | 赤峰 | CIF | 17.6 | 43 | 7.0 |
| 4 | 天水 | TIS1 | 4.8 | 32 | 7.0 | 36 | 大连 | DL2 | 17.6 | 56 | 7.0 |
| 5 | 洱源 | EYA | 5.0 | 213 | 7.0 | 37 | 库尔勒 | KOL1 | 18.0 | 315 | 7.0 |
| 6 | 贵阳 | GYA | 5.0 | 139 | 7.2 | 38 | 朝阳 | CHY1 | 18.1 | 47 | 7.0 |
| 7 | 昆明 | KMI | 5.1 | 182 | 7.1 | 39 | 乌鲁木齐 | WMQ | 18.1 | 322 | 7.2 |
| 8 | 兰州 | LZH | 5.8 | 7 | 7.3 | 40 | 营口 | YKO | 19.0 | 52 | 7.1 |
| 9 | 吉首 | JIS | 6.2 | 107 | 6.8 | 41 | 富蕴 | FUY | 19.7 | 332 | 7.1 |
| 10 | 固原 | GYU | 6.2 | 24 | 7.1 | 42 | 库车 | KUC | 19.9 | 311 | 7.1 |
| 11 | 西安 | XAN | 6.3 | 52 | 6.9 | 43 | 丹东 | DDO | 20.0 | 55 | 7.1 |
| 12 | 湟源 | HUY | 6.5 | 347 | 7.2 | 44 | 沈阳 | SNY | 20.2 | 50 | 7.1 |
| 13 | 腾冲 | TCG1 | 6.6 | 218 | 7.2 | 45 | 和田 | HTA | 20.3 | 296 | 7.0 |
| 14 | 个旧 | GEJ | 6.9 | 179 | 7.0 | 46 | 新源 | XNY | 20.4 | 315 | 7.1 |
| 15 | 盐池 | YCI | 8.3 | 25 | 7.0 | 47 | 乌兰浩特 | WHT | 21.7 | 38 | 7.0 |
| 16 | 德令哈 | DLH | 8.5 | 328 | 7.1 | 48 | 通化 | THA1 | 21.7 | 52 | 7.1 |
| 17 | 银川 | YCH | 8.6 | 16 | 7.0 | 49 | 巴楚 | BCH1 | 21.9 | 302 | 7.0 |
| 18 | 临汾 | LNF1 | 9.1 | 48 | 6.9 | 50 | 乌什 | WUS | 22.1 | 306 | 7.0 |
| 19 | 那曲 | NAQ | 9.5 | 282 | 7.1 | 51 | 长春 | CN2 | 22.3 | 47 | 7.0 |
| 20 | 拉萨 | LSA | 10.3 | 270 | 6.8 | 52 | 温泉 | WNQ | 22.6 | 316 | 7.0 |
| 21 | 太原 | TIY | 10.8 | 44 | 6.8 | 53 | 海拉尔 | HLR1 | 22.8 | 29 | 6.8 |
| 22 | 乌加河 | WJH | 11.7 | 19 | 7.2 | 54 | 碾子山 | NZN | 23.0 | 36 | 7.0 |
| 23 | 安西 | AXX | 11.8 | 332 | 6.9 | 55 | 长白山 | CBS | 23.3 | 53 | 7.2 |
| 24 | 蒙城 | MCG | 11.9 | 72 | 7.3 | 56 | 喀什 | KSH | 24.1 | 299 | 6.7 |
| 25 | 红山 | HNS | 12.0 | 51 | 7.0 | 57 | 延边 | YNB1 | 24.6 | 52 | 7.2 |
| 26 | 呼和浩特 | HHC | 12.6 | 31 | 7.0 | 58 | 牡丹江 | MDJ | 25.4 | 48 | 7.1 |
| 27 | 琼中 | QZN | 12.8 | 149 | 7.3 | 59 | 五大连池 | WDL | 25.5 | 37 | 7.1 |
| 28 | 大同 | SHZ | 12.9 | 38 | 7.0 | 60 | 加格达奇 | JGD | 25.5 | 32 | 7.0 |
| 29 | 泰安 | TIA | 13.2 | 60 | 7.1 | 61 | 鹤岗 | HEG | 27.0 | 43 | 7.2 |
| 30 | 南京 | NJ2 | 13.7 | 79 | 7.3 | 62 | 黑河 | HHE | 27.1 | 36 | 7.2 |
| 31 | 张家口 | ZJK | 14.3 | 39 | 7.2 | 63 | 密山 | MIH | 27.2 | 48 | 7.2 |
| 32 | 宝昌 | BAC | 15.2 | 37 | 7.0 |  | 平均 |  |  |  | 7.0 |

### 3.台站的台基差别

地震波传到了地震台上，有些地震台建立在很坚硬的基岩上，而有些地震台别无选择，只好建立在松软的沉积层上。松软的沉积层对地震波有放大的作用，同样的地震波，传到地震台站下方的时候，到了松软的地方就放大，到了坚硬的地方不放大，所以地震仪记录下来的地面振动的幅度也不一样。

我国国家地震台站基本都建在坚硬的基岩上，观测条件较好；区域地震台站的仪器基本上安装在地下室，有的仪器安装在基岩上，有的则安装在土层上，也有一部分台站的仪器安装在井下几十米到300m。

## 六、为何不同地震台网发布的震级有差别

理论上，对于同一次地震，不同地震台网发布的震级应该一样。实际上，不同的地震台网对外发布的震级却存在差别。仍以2013年4月20日四川芦山7.0级地震为例，中国地震台网中心（CENC）和美国地质调查局国家地震信息中心（USGS/NEIC）最终在地震观测报告中列出的地震参数见表5-3。

表5-3　不同机构测定的四川芦山地震参数

| 序号 | 发震时刻 UTC 时：分：秒 | 震中位置 纬度/°N | 震中位置 经度/°E | 震源深度/km | 震级 $M_S$、$M_W$ | 测定机构 中文名称 | 测定机构 代码 |
|---|---|---|---|---|---|---|---|
| 1 | 00：02：47.50 | 30.30 | 102.99 | 17.0 | 7.0、6.6 | 中国地震台网中心 | CENC |
| 2 | 00：02：47.3 | 30.28 | 102.96 | 12.3 | 6.8、6.6 | 美国地质调查局国家地震信息中心 | USGS/NEIC |

从表5-3可以看出，CENC和NEIC测定的面波震级$M_S$分别为7.0和6.8，测定的矩震级$M_W$都为6.6。在地震速报时，CENC发布的震级是7.0，而NEIC发布的震级却是6.6，二者相差0.4。主要原因有以下几点。

### 1.震级测定方法可能不同

由于各国所使用的地震仪器各不相同，多年来地方性震级、面波震级和体波震级的测定方法在不断改进。演变过程中，各国震级测定方法和计算公式有一定的差别。以面波震级为例，美国使用的公式是（3.4），中国使用的公式是（3.5）。

## 2. 所使用的地震台站不同

地震台网在测定震级时，是将所属地震台站测定的震级相加，取平均值就是台网测定的震级。由于不同的地震台网所属的台站位置不同，台站的数量也不同，这样不同台网之间测定的震级就可能不同。以上述2013年4月20日芦山地震为例，中国地震台网中心使用中国的63个台站测定的面波震级$M_S$为7.0，美国国家地震信息中心使用美国在全球建设的全球地震台网（GSN）的49个台站测定的面波震级$M_S$为6.9。

## 3. 震级发布规则可能不同

GB 17740—1999根据《地震震级的规定》的要求，我国地震台网对外发布的是地震震级$M$，地震震级$M$实际上就是面波震级$M_S$。美国地质调查局于2001年制订了"USGS地震震级的测定与发布策略"（USGS Earthquake Magnitude Policy)的管理规定，从2002年1月18日起执行。该管理规定明确要求地震台网在日常工作要测定地方性震级、体波震级、面波震级和矩震级，将所测定的震级在数据库中保存，以供研究人员能够方便使用，并将矩震级$M_W$作为向政府机关和社会公众发布的首选震级。因此，对于有影响的地震美国国家地震信息中心和一些主要国际地震机构对外发布的是矩震级$M_W$，并及时在网站、电视台、广播电台、报刊和杂志等新闻媒体上发布。

由于我国和国际主要机构发布震级的标准不同，使得我国对外发布的震级与国际主要地震机构发布的震级有时差别较大。从2013年4月20日芦山地震的例子可以看出，这就是为何在地震速报时，CENC发布的震级是7.0，而NEIC发布的震级却是6.6，二者相差0.4的原因。

# 七、震级的修订

震级是可以修订的。如果地震速报所发布的震级$M$与最终所确定的震级$M$之间存在很大差别，这种差别会对地震应急、地震救援和灾后重建等社会需求产生很大影响时，就要考虑震级的修订。按照国际通行的做法，对于8.0级以上的特大地震，一些台站波形数据会出现"限幅"现象，在地震速报时测定的面波震级或矩震级不准确，或出现震级饱和现象时，才对发布的震级$M$进行修订。

2013年1月9～11日，中日韩三边防震减灾会议（China–Japan–Korea Tripartite

Meeting of Earthquake Disaster Mitigation）在海南博鳌举行，日本气象厅（Japan Meteorological Agency，JMA）详细介绍了这次地震的参数测定、修订和海啸预警过程。

在地震发生后3分钟日本气象厅（JMA）自动测定的震级$M_J$（日本震级）为7.9（由于地震很大，很多近场地震台站的地震波"限幅"，震级出现饱和现象）；JMA在震后54分钟修订为矩震级$M_W$为8.8，但仍有一些波形"限幅"的地震台站的资料参与$M_W$测定；在震后第5天JMA通过收集更多未"限幅"台站的资料，测定的矩震级$M_W$为9.0，日本气象厅通过媒体向社会发布了震级修订公告。

发震时间：2013年3月11日14:46（东京时间）；

14:49：测定震级为本$M_J$7.9，$M_J$是日本气象厅震级标度；

14:50：发布海啸预警，海浪为3～6m；

15:01：记录到的大部分宽频带地震资料都"限幅"，无法测定矩震级；

15:10：近海浮标上的GPS观测到海啸；

15:14：海啸预警信息修订，最小海浪3m，最大海浪10m以上；

15:21：釜石（Kamaishi）台观测到浪高大于4.1m的海浪；

15:30：海啸预警信息修订，宫城(Miyagi)、福岛（Fukushima）等地浪高要超过10m的预警信息；

15:40：JMA收集未"限幅"台站资料，测定矩震级为$M_W$8.8；

3月16日：收集到更多GSN资料，矩震级修订为$M_W$9.0，并向全世界公布。

震级的测定实际上是一个动态的过程，由于使用台站的分布和数量的不同，测定结果会有一定的差异。为了能够准确地测定地震的震级，地震机构必须全面汇集各个地震台站的观测数据，甚至是国外地震台站的观测数据，对测定的地震参数进行修正。

# 第三节　震级与地震能量

对于构造地震来讲，岩层在大地构造应力的作用下产生应变，并不断积累应变能，应力一旦超过了极限，岩石就会突然破裂，或沿原破裂面滑动，释放出大量能量，这就是地震成因的断层假说。

1. 地震能量

地震能量是指地震发生时释放出来的能量。地震发生时释放出来的能量大部分以机械能（岩石破裂和位移）和转换为热能的形式存在于震源区，一部分以地震波的形式向四面八方传播。地震时以地震波形式传播的能量称为地震波辐射能量，简称地震辐射能，或地震波能量。地震时释放的能量不能直接测量，与地震波的能量相比，二者并不相等，地震波能量仅占地震时释放能量的很小的一部分。在地震学研究中，地震能量用$E$表示，地震波能量用$E_S$表示，通常把地震能量和地震波能量通过式（5.3）联系起来。

$$E_S = \eta E \tag{5.3}$$

式中，$\eta$ 为地震效率，地震效率是一个小于1的量，目前要精确测定 $\eta$ 仍有困难，这是由于要准确测定地震能量 $E$ 难度很大，地震波能量却是唯一能用地震学方法测量的物理量。

2. 地震能量与震级的关系

地震能量是关于震源定量的特征量。因此，地震发生以后人们还是比较关注地震能量有多大。

在传统的地震学研究中，通常是根据一定的理论或经验模式，通过地震的震级来估计地震波能量。古登堡和里克特（Gutenberg and Richter，1954）得到了震级和地震波能量之间的关系为

$$\lg E_S = a + bM \tag{5.4}$$

式中，$a$ 与 $b$ 是常量，对于面波震级 $M_S$ 来说，古登堡–里克特震级—能量关系式如下：

$$\lg E_S = 1.5 M_S + 4.8 \tag{5.5}$$

式中，$E_S$ 的单位是焦耳（J）。

值得注意的是，利用震级和地震能量之间的经验关系来估计地震能量具有一定的局限性，仅仅是对地震能量或地震波能量的粗略估计。震级是针对比较窄的地震波频段的测定结果，如面波震级一般是使用20s左右周期的面波信号，而地震能量的测定则应考虑所有频段的地震波能量。因此，从频率域来看，用震级来推算地震能量，实际上是一种"以偏概全"的结果。不过，在模拟记录时代，由于观测条件的

限制，人们只能使用这样一个粗略的关系。

对于社会公众而言，一般不关注地震的能量是多少焦耳，更关注的是不同地震之间能量相差多少。如果知道两个地震的面波震级，就可以利用式（5.5）快速估计这两个地震能量相差是多少，面波震级相差0.1级，较大地震的能量是较小地震的$\sqrt{2}$倍；面波震级相差1.0级，较大地震的能量是较小地震的32倍，等等。

例如：1976年7月28日河北唐山地震的面波震级是$M_S7.8$，2008年5月12日四川汶川地震的面波震级是$M_S8.0$，2013年4月20日四川芦山地震的面波震级是$M_S7.0$，2013年7月22日甘肃岷县—漳县地震的面波震级$M_S$是6.6，因此我们就可以估计汶川地震的能量是唐山地震能量的2倍，汶川地震的能量是芦山地震能量的32倍，汶川地震的地震能量是岷县—漳县地震能量的128倍，芦山地震的能量是岷县—漳县地震能量的4倍，便于政府机关和社会公众理解。

# 第四节　震级与地震烈度

破坏性地震发生以后，中国地震局要及时发布地震的震级，并组织专业人员到地震现场对人的感觉、器物反应、房屋等结构和地表破坏程度等进行综合调查，确定地震烈度分布。

## 1. 地震烈度

地震烈度简称烈度，是指某一地区地面和各类建筑物遭受一次地震影响破坏的强烈程度。烈度表示地震影响或破坏程度的大小，是衡量地震对一定地点影响程度的一种量度。地震发生后，不同地区受地震影响的破坏程度不同，烈度也不同，受地震影响破坏越大的地区，烈度越高。判断烈度的大小，是根据人的感觉、家具及物品振动的情况、房屋及建筑物受破坏的程度以及地面出现的破坏程度。烈度不仅受人的主观影响，还与震区的地质、建筑条件等因素有关，因此，烈度是表示地震影响或破坏程度的大小，并不能用来定量地度量地震本身的大小。

影响烈度的大小有下列因素：震级大小、震源深度、震中距离、土壤和地质条件、建筑物的性能、震源机制、地貌和地下水等。在其他条件相同的情况下，震级越高，烈度也越大。用于说明地震烈度的等级划分、评定方法与评定标志的技术标准是地震烈度表，各国所采用的烈度表不尽相同。地震烈度表是把人对地震的感觉、地面及地面上房屋器具、工程建筑等遭受地震影响和破坏的各种现象，按照不同程度划分等级，依次排列成表，简称烈度表。目前，世界上烈度表的种类很多，以XII度较普遍，此外尚有VII度表和X度表等。

我国使用的是12度烈度表，其评定的主要依据是：Ⅰ～Ⅴ度以地面上人的感觉为主；Ⅵ～Ⅹ度以房屋震害为主，人的感觉仅供参考；XI度和XII度以房屋破坏和地表破坏现象为主。按这个烈度表的评定标准，一般而言，烈度为Ⅲ～Ⅴ度时人们有感，Ⅵ度以上有破坏，Ⅸ～Ⅹ度时破坏严重，XI度以上为毁灭性破坏。我国使用的烈度表见表5-4。

表5-4 我国使用的地震烈度表

| 序号 | 烈度 | 地震影响或破坏程度 |
|------|------|--------------------|
| 1 | Ⅰ度 | 无感，仅仪器能记录到 |
| 2 | Ⅱ度 | 微有感，个别非常敏感、完全静止中的人有感 |
| 3 | Ⅲ度 | 少有感，室内少数人在静止中有感，悬挂物轻微摆动 |
| 4 | Ⅳ度 | 多有感，室内大多数人，室外少数人有感，悬挂物摆动，不稳器皿作响 |
| 5 | Ⅴ度 | 惊醒，室外大多数人有感，家畜不宁，门窗作响，墙壁表面出现裂纹 |
| 6 | Ⅵ度 | 惊慌，人站立不稳，家畜外逃，器皿翻落，简陋棚舍损坏，陡坎滑坡 |
| 7 | Ⅶ度 | 房屋轻微损坏，牌坊、烟囱损坏，地表出现裂缝及喷砂冒水 |
| 8 | Ⅷ度 | 建筑物破坏，房屋多有损坏，少数破坏，路基塌方，地下管道破裂 |
| 9 | Ⅸ度 | 建筑物普遍破坏，房屋大多数破坏，少数倾倒，牌坊、烟囱等崩塌，铁轨弯曲 |
| 10 | Ⅹ度 | 建筑物普遍摧毁，房屋倾倒，道路毁坏，山石大量崩塌，水面大浪扑岸 |
| 11 | XI度 | 毁灭，房屋大量倒塌，路基堤岸大段崩毁，地表产生很大变化 |
| 12 | XII度 | 山川易景，一切建筑物普遍毁坏，地形剧烈变化，动植物遭毁灭 |

地震烈度是以人的感觉、器物反应、房屋等结构和地表破坏程度等进行综合评定的，反映的是一定地域范围内（如自然村或城镇部分区域）地震破坏程度的总体水平，须由专业人员通过现场调查予以评定。随着强震动台站密度的不断增加和对烈度测定方法的不断发展，将来地震烈度分布也有望由强震动台网中心产出，在我国现有的条件下，地震烈度还是要由科技人员通过现场调查予以评定。

## 2. 烈度与震级的关系

（1）从概念上讲，震级和烈度是完全不同的两个概念，不可互相混淆。震级表示地震本身的大小；而地震烈度表示地震影响或破坏程度的大小，是衡量地震对一定地点影响程度的一种量度。

（2）对于社会公众来讲，一次地震只有一个震级值。但对于同一次地震，烈度是因地而异的，它受当地各种自然和建筑物的性能等多种因素影响，对震级相同的地震来说，如果震源越浅，震中距越小，则烈度一般就越高。另外，当地的地质构造是否稳定，土壤结构是否坚实，房屋和其他构筑物是否坚固耐震，对于当地的烈度高或低有着直接的关系。

（3）震级值使用无量纲的数来表示，小数点后保留一位，如6.2、7.0、7.8等；而烈度值用罗马数字表示，我国使用的是12度烈度表，分别用Ⅰ、Ⅱ、Ⅲ、Ⅳ、Ⅴ、Ⅵ、Ⅶ、Ⅷ、Ⅸ、Ⅹ、Ⅺ和Ⅻ表示。

每一次地震就好比一颗炸弹爆炸一样，对于一颗炸弹而言，炸弹的炸药量是一定的量。炸药量就相当于地震的震级，炸药量越大，炸弹的威力就越强，而距炸弹爆炸点距离不同，炸弹的破坏程度就不同，距离爆炸点越近破坏力就越大，距离爆炸点越远破坏力就越小，炸弹的破坏程度就相当于地震烈度。例如：1976年唐山地震，面波震级为$M_S$7.8，震中烈度为Ⅺ度，受唐山地震的影响，天津市地震烈度为Ⅷ度，北京市烈度为Ⅵ度，再远到石家庄、太原等就只有Ⅳ～Ⅴ度了。2008年汶川地震速报的面波震级为$M_S$8.0，烈度分布如图5-14所示。震中烈度为Ⅺ度，面积约2419km²，以四川省汶川县映秀镇和北川县县城为两个中心呈长条状分布，其中映秀Ⅺ度区沿汶川—都江堰—彭州方向分布，长轴约66km，短轴约20km，北川Ⅺ度区沿安县—北川—平武方向分布，长轴约82km，短轴约15km。成都市烈度为Ⅵ度，再远到重庆、西安和兰州的烈度就只有Ⅴ度。

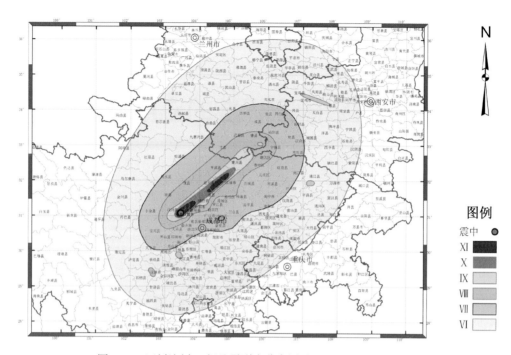

图5-14 四川汶川8.0级地震烈度分布图（http://www.cea.gov.cn）

# 第六章　新震级国家标准的应用

地震灾害突发性强、破坏性大，具有瞬时毁灭性。我国地震频度高、强度大、分布广、灾害重，平均每5年发生一次7.5级地震，每10年发生一次8级地震，三分之一的国土面积存在大震风险。20世纪以来我国因地震造成的人员死亡超过全球的50％，是世界上地震灾害最严重的国家之一。地震灾害对人民生命财产安全和社会稳定的威胁严峻，使社会公众对地震安全的要求更加迫切。"十三五"期间，我国西部地区仍然处于7级以上强震的活跃时段，东部地区存在发生6级以上地震的可能。

地震发生以后，新闻媒体快速、准确地发布地震信息，使社会公共能够及时了解地震发生的时间、地点和大小，对于维护社会正常生产、生活秩序至关重要。各级政府需要根据地震的大小，启动地震应急预案，开展灾情报告、人员搜救、医疗救治、卫生防疫、安置受灾群众、抢修基础设施等工作，并组织协调当地解放军、武警部队、地震、消防、建筑和市政等各方面救援力量进行地震救援。民政、地震、国土资源、建设、环境保护等有关部门，深入调查灾区范围、受灾人口、成灾人口、人员伤亡数量、建构筑物和基础设施破坏程度、环境影响程度等，组织专家开展灾害损失评估。

因此，社会各界如何根据地震部门发布的地震信息，采取正确的应对措施，并开展相应的工作，对于科学、准确应对地震灾害，有效减轻地震造成的损失具有重要意义。本标准对新闻报道、地震应急、科学普及、防震减灾等与地震震级有关的社会应用给出了明确的要求。

## 一、新闻报道

每当有影响的地震发生以后，电视台、广播电台、报刊、杂志和网站等新闻媒

体都要发布地震信息，新闻媒体在发布地震信息时要注意以下问题。

1. 一个地震只发布一个震级

根据GB 17740—2017中4.2的要求，地震发生以后，中国地震台网中心、有关省级地震台网中心都要测定地方性震级$M_L$、面波震级$M_S$、宽频带面波震级$M_{S(BB)}$、短周期体波震级$m_b$、宽频带体波震级$m_{B(BB)}$和矩震级$M_W$等多种震级，并确定发布的震级$M$。

从科学研究的角度看，地震部门在日常工作中测定$M_L$、$M_S$、$M_{S(BB)}$、$m_b$、$m_{B(BB)}$和$M_W$等多种震级，这实际上是从不同的角度去描述地震的大小，仅供地震学研究使用。

而对于新闻媒体而言，只采用地震部门发布的震级$M$发布地震信息，即一个地震只发布一个震级，也就是说对于社会公众，以及震级的社会应用来讲，一个地震只有一个震级$M$。

2. 表述方法

新闻媒体在发布地震信息时的表述方法为："据中国地震台网测定，北京时间2014年8月3日16时30分，在云南省鲁甸县发生6.5级地震，震源深度12km……"

一些中外媒体有时画蛇添足，喜欢加上"里氏"，称"里氏6.5级地震"，这是不正确的。主要原因有两点：

（1）里克特于1935年最先提出的地方性震级即原始形式的地方性震级$M_L$，称作里氏震级（Richter magnitude）或里氏（震级）标度（Richter scale）。实际上，无论是在其发源地美国加州，还是在世界各地，早已不再使用原始形式的地方性震级—里氏震级，因为大多数地震并不发生于加州，并且伍德-安德森地震仪也早已几乎绝迹。

（2）从GB 17740—2017中4.2可以看出，发布的震级$M$可能是$M_L$、$M_{S(BB)}$或$m_b$，也可能是$M_W$，并不是某一个震级标度。

也有一些媒体加上震级类型，如："面波震级6.5级地震"或"矩震级6.5级地震"，这也是不正确的。

3. 使用我国测定的震级

电视台、广播电台、报刊、杂志和网站等新闻媒体在发布国内外地震信息时，一定要使用我国地震部门发布的震级$M$，确保地震信息发布的一致性和系统性。

一些新闻媒体在发布国内地震信息时，采用中国地震台网中心测定的结果，而在发布我国周边地区和国外地震信息时，有时采用美国地质调查局（USGS）的测定结果。这种做法是不正确的。主要原因是：

（1）中国地震局和美国地质调查局震级的测定方法和发布规则有一定的差异，所使用的地震台站的资料不同，所测定的震级也会有一定的差别。如果新闻媒体有时采用中国地震局的结果，有时采用美国地质调查局的结果，会使各级政府和社会公众无法正确判断地震的实际大小，对地震造成的灾害不能正确判断。

（2）美国地质调查局发布的地震信息随时都在更新，随着资料的不断增加，发布的震级有可能是短周期体波震级 $m_b$ 或宽频带面波震级 $M_{S(BB)}$，也可能是矩震级 $M_W$。而我国地震台网对外发布使用的是震级 $M$，便于新闻媒体、各级政府和社会公众理解和使用。

### 4. 我国地震参数速报能力

经过几十年的建设和发展，中国地震台网已经完全有能力对国内外有影响的地震参数进行速报，并及时向国内外新闻媒体发布地震信息。

根据中国地震局《地震速报技术管理规定》（中震测发〔2008〕137号）的要求，中国地震台网中心承担国内及全球地震速报任务，具体要求如下。

（1）在10分钟内向中国地震局完成首都圈地区（含北京市、天津市、河北省）$M \geqslant 3.0$ 地震的正式速报。

（2）在20分钟内向中国地震局完成黑龙江、吉林、辽宁、山西、山东、陕西、宁夏、河南、安徽、江苏、上海、湖北、湖南、江西、福建、浙江、广东、广西、海南、香港、澳门、重庆、贵州23个完整行政区以及我国沿岸近海地区（指我国海岸线外50km范围内，下同）$M \geqslant 4.0$ 地震，以及四川、云南、甘肃3个完整行政区 $M \geqslant 5.0$ 地震的正式速报。

（3）在30分钟内向中国地震局完成青海、新疆、内蒙古、西藏、台湾5个完整行政区 $M \geqslant 5.0$ 地震的正式速报。

（4）在40分钟内向中国地震局完成我国国境线外300km范围内 $M \geqslant 6.0$ 地震的正式速报。在地震最大面波掠过整个国家地震台网后的20分钟内，完成其他国外地区 $M \geqslant 7.0$ 地震的速报。

因此，新闻媒体在发布地震信息时，要使用中国地震台网中心发布的地震参数，包括地震的发震时间、位置（震中经度、纬度，震源深度）和震级。目前中国地震局正在进行"国家地震烈度速报与预警工程"，不断提高地震速报能力，并实现地震烈度速报和预警功能，提供全国分钟级仪器地震烈度速报和重点地区秒级地震预警服务，及时向社会公众和政府部门等提供地震烈度速报等紧急地震信息服务。

## 二、地震应急

为依法科学统一、有力有序有效地实施地震应急，最大程度减少人员伤亡和经济损失，维护社会正常秩序，国务院于2012年8月28日修订了《国家地震应急预案》。根据《国家地震应急预案》的要求，地震灾害发生以后，各级政府应依据发布的震级$M$和地震灾害程度启动地震应急预案，开展地震应急工作。

抗震救灾工作坚持"统一领导、军地联动，分级负责、属地为主，资源共享、快速反应"的工作原则。地震灾害发生后，国务院抗震救灾指挥部负责统一领导、指挥和协调全国抗震救灾工作。视省级人民政府地震应急的需求，国家地震应急给予必要的协调和支持；地方人民政府和有关部门立即自动按照职责分工和相关预案开展前期处置工作。省级人民政府是应对本行政区域特别重大、重大地震灾害的主体；县级以上地方人民政府抗震救灾指挥部负责统一领导、指挥和协调本行政区域的抗震救灾工作；地方有关部门和单位、当地解放军、武警部队和民兵组织等，按照职责分工，各负其责，密切配合，共同做好抗震救灾工作。

1. 地震灾害分级

地震灾害分为特别重大、重大、较大、一般四级。

（1）当人口较密集地区发生7.0级以上地震，人口密集地区发生6.0级以上地震，初判为特别重大地震灾害；

（2）当人口较密集地区发生6.0级以上、7.0级以下地震，人口密集地区发生5.0级以上、6.0级以下地震，初判为重大地震灾害；

（3）当人口较密集地区发生5.0级以上、6.0级以下地震，人口密集地区发生4.0级以上、5.0级以下地震，初判为较大地震灾害；

（4）当人口较密集地区发生4.0级以上、5.0级以下地震，初判为一般地震灾害。

2. 地震应急响应

地震应急响应分为Ⅰ级、Ⅱ级、Ⅲ级和Ⅳ级。

（1）应对特别重大地震灾害，启动Ⅰ级响应。由灾区所在省级抗震救灾指挥部领导灾区地震应急工作；国务院抗震救灾指挥机构负责统一领导、指挥和协调全国抗震救灾工作。

（2）应对重大地震灾害，启动Ⅱ级响应。由灾区所在省级抗震救灾指挥部领导灾区地震应急工作，国务院抗震救灾指挥部根据情况，组织协调有关部门和单位开展国家地震应急工作。

（3）应对较大地震灾害，启动Ⅲ级响应。在灾区所在省级抗震救灾指挥部的支持下，由灾区所在市级抗震救灾指挥部领导灾区地震应急工作。中国地震局等国家有关部门和单位根据灾区需求，协助做好抗震救灾工作。

（4）应对一般地震灾害，启动Ⅳ级响应。在灾区所在省、市级抗震救灾指挥部的支持下，由灾区所在县级抗震救灾指挥部领导灾区地震应急工作。中国地震局等国家有关部门和单位根据灾区需求，协助做好抗震救灾工作。

（5）地震发生在边疆地区、少数民族聚居地区和其他特殊地区，可根据需要适当提高响应级别。地震应急响应启动后，可视灾情及其发展情况对响应级别及时进行相应调整，避免响应不足或响应过度。

特别重大地震灾害发生后，按照国务院决策部署，国务院有关部门和灾区省级人民政府组织编制灾后恢复重建规划；重大、较大、一般地震灾害发生后，灾区省级人民政府根据实际工作需要组织编制地震灾后恢复重建规划。

## 三、科普宣传

"十三五"时期是全面建成小康社会决胜阶段。推进国家防震减灾治理体系和治理能力现代化，全面提升地震安全保障能力面临新要求，防震减灾事业发展面临新形势。随着我国城镇化水平的不断推进，一方面要提高政府防震减灾公共服务水平，有针对性地提升社会组织和公众的防震减灾意识和技能，形成地震灾害群防共治的局面；另一方面要普及地震科学知识、提高全民族的防震减灾意识，这是有效应对地震灾害的重要举措。防震减灾知识的普及，可以提高公众对地震这种自然现象的认识，正确识别地震谣言，维护社会正常生产、生活秩序，科学应对地震灾害，从而减轻地震造成的人员伤亡和经济损失。

各级地震工作部门或机构对外发布地震信息、进行科普宣传等工作时，应使用地震部门对外发布的震级$M$。对于社会公众而言，一个地震只有一个震级。

# 附录A 地方性震级量规函数表

地方性震级量规函数值见表A。其中，黑龙江、吉林、辽宁、内蒙古、北京、天津、河北、山西、山东、河南、宁夏、陕西，应使用$R_{11}$；福建、广东、广西、海南、江苏、上海、浙江、江西、湖南、湖北、安徽，应使用$R_{12}$；云南、四川、重庆、贵州，应使用$R_{13}$；青海、西藏、甘肃，应使用$R_{14}$；新疆，应使用$R_{15}$。

表A 地方性震级量规函数值

| $\Delta$/km | $R_{11}$ | $R_{12}$ | $R_{13}$ | $R_{14}$ | $R_{15}$ |
|---|---|---|---|---|---|
| 0~5 | 1.9 | 1.8 | 2.0 | 2.0 | 2.0 |
| 10 | 2.0 | 1.9 | 2.0 | 2.1 | 2.1 |
| 15 | 2.2 | 2.1 | 2.1 | 2.2 | 2.2 |
| 20 | 2.3 | 2.2 | 2.2 | 2.3 | 2.3 |
| 25 | 2.5 | 2.4 | 2.4 | 2.5 | 2.5 |
| 30 | 2.7 | 2.6 | 2.6 | 2.6 | 2.6 |
| 35 | 2.9 | 2.8 | 2.7 | 2.8 | 2.8 |
| 40 | 2.9 | 2.9 | 2.8 | 2.9 | 2.8 |
| 45 | 3.0 | 3.0 | 2.9 | 3.0 | 2.9 |
| 50 | 3.1 | 3.1 | 3.0 | 3.1 | 3.0 |
| 55 | 3.2 | 3.2 | 3.1 | 3.2 | 3.1 |
| 60 | 3.3 | 3.3 | 3.2 | 3.2 | 3.2 |
| 70 | 3.3 | 3.3 | 3.2 | 3.2 | 3.2 |
| 75 | 3.4 | 3.4 | 3.3 | 3.3 | 3.3 |
| 85 | 3.3 | 3.3 | 3.3 | 3.4 | 3.3 |
| 90 | 3.4 | 3.4 | 3.4 | 3.5 | 3.4 |
| 100 | 3.4 | 3.4 | 3.4 | 3.5 | 3.4 |

续表

| Δ/km | $R_{11}$ | $R_{12}$ | $R_{13}$ | $R_{14}$ | $R_{15}$ |
|------|------|------|------|------|------|
| 110 | 3.5 | 3.5 | 3.5 | 3.6 | 3.6 |
| 120 | 3.5 | 3.5 | 3.5 | 3.6 | 3.6 |
| 130 | 3.6 | 3.6 | 3.6 | 3.7 | 3.6 |
| 140 | 3.6 | 3.6 | 3.6 | 3.7 | 3.6 |
| 150 | 3.7 | 3.7 | 3.7 | 3.8 | 3.7 |
| 160 | 3.7 | 3.7 | 3.7 | 3.7 | 3.7 |
| 170 | 3.8 | 3.8 | 3.8 | 3.8 | 3.8 |
| 180 | 3.8 | 3.7 | 3.8 | 3.8 | 3.8 |
| 190 | 3.9 | 3.8 | 3.9 | 3.9 | 3.9 |
| 200 | 3.9 | 3.9 | 3.9 | 3.9 | 3.9 |
| 210 | 3.9 | 4.0 | 3.9 | 4.0 | 3.9 |
| 220 | 3.9 | 4.0 | 3.9 | 4.0 | 4.0 |
| 230 | 4.0 | 4.1 | 4.0 | 4.1 | 4.0 |
| 240 | 4.1 | 4.1 | 4.0 | 4.1 | 4.0 |
| 250 | 4.1 | 4.2 | 4.0 | 4.1 | 4.1 |
| 260 | 4.1 | 4.2 | 4.1 | 4.1 | 4.1 |
| 270 | 4.2 | 4.2 | 4.2 | 4.2 | 4.2 |
| 280 | 4.2 | 4.3 | 4.1 | 4.1 | 4.1 |
| 290 | 4.3 | 4.4 | 4.2 | 4.2 | 4.2 |
| 300 | 4.2 | 4.4 | 4.3 | 4.2 | 4.3 |
| 310 | 4.3 | 4.5 | 4.4 | 4.3 | 4.4 |
| 320 | 4.3 | 4.4 | 4.4 | 4.3 | 4.4 |
| 330 | 4.4 | 4.5 | 4.5 | 4.4 | 4.4 |
| 340 | 4.4 | 4.5 | 4.5 | 4.4 | 4.4 |
| 350 | 4.4 | 4.5 | 4.5 | 4.5 | 4.5 |
| 360 | 4.5 | 4.6 | 4.5 | 4.5 | 4.5 |
| 370 | 4.5 | 4.6 | 4.5 | 4.4 | 4.5 |
| 380 | 4.5 | 4.6 | 4.6 | 4.5 | 4.5 |
| 390 | 4.5 | 4.6 | 4.6 | 4.5 | 4.5 |
| 400 | 4.6 | 4.7 | 4.7 | 4.5 | 4.6 |
| 420 | 4.6 | 4.7 | 4.7 | 4.6 | 4.7 |

续表

| Δ/km | $R_{11}$ | $R_{12}$ | $R_{13}$ | $R_{14}$ | $R_{15}$ |
|---|---|---|---|---|---|
| 430 | 4.6 | 4.7 | 4.8 | 4.7 | 4.7 |
| 440 | 4.6 | 4.7 | 4.8 | 4.8 | 4.8 |
| 450 | 4.6 | 4.7 | 4.8 | 4.8 | 4.8 |
| 460 | 4.6 | 4.7 | 4.8 | 4.8 | 4.8 |
| 470 | 4.7 | 4.7 | 4.8 | 4.8 | 4.8 |
| 500 | 4.8 | 4.7 | 4.8 | 4.8 | 4.8 |
| 510 | 4.8 | 4.8 | 4.9 | 4.9 | 4.9 |
| 530 | 4.8 | 4.8 | 4.9 | 4.9 | 4.9 |
| 540 | 4.8 | 4.8 | 4.9 | 4.9 | 4.9 |
| 550 | 4.8 | 4.8 | 4.9 | 4.9 | 4.9 |
| 560 | 4.9 | 4.9 | 4.9 | 4.9 | 4.9 |
| 570 | 4.8 | 4.9 | 4.9 | 4.9 | 4.9 |
| 580 | 4.9 | 4.9 | 4.9 | 4.9 | 4.9 |
| 600 | 4.9 | 4.9 | 4.9 | 4.9 | 4.9 |
| 610 | 5.0 | 5.0 | 5.0 | 5.0 | 5.0 |
| 620 | 5.0 | 5.0 | 5.0 | 5.0 | 5.0 |
| 650 | 5.1 | 5.1 | 5.1 | 5.1 | 5.1 |
| 700 | 5.2 | 5.2 | 5.2 | 5.2 | 5.2 |
| 750 | 5.2 | 5.2 | 5.2 | 5.2 | 5.2 |
| 800 | 5.2 | 5.2 | 5.2 | 5.2 | 5.2 |
| 850 | 5.2 | 5.2 | 5.2 | 5.2 | 5.2 |
| 900 | 5.3 | 5.3 | 5.3 | 5.3 | 5.3 |
| 1000 | 5.3 | 5.3 | 5.3 | 5.3 | 5.3 |

# 附录B $Q(\Delta, h)$值表

计算短周期体波震级$m_b$和宽频带体波震级$m_{B(BB)}$的$Q(\Delta, h)$值见表B。

表B $Q(\Delta, h)$值表

| $\Delta/°$ | h/km | | | | | | | | | | | | | | | |
|---|---|---|---|---|---|---|---|---|---|---|---|---|---|---|---|---|
| | 0.0 | 25 | 50 | 75 | 100 | 150 | 200 | 250 | 300 | 350 | 400 | 450 | 500 | 550 | 600 | 650 | 700 |
| 5 | 5.9 | 5.9 | 5.9 | 5.9 | 5.9 | 6.0 | 6.1 | 6.1 | 5.9 | 5.9 | 6.0 | 6.1 | 6.2 | 6.2 | 6.2 | 6.0 | 5.8 |
| 10 | 6.0 | 6.0 | 6.0 | 6.0 | 6.0 | 6.1 | 6.2 | 6.2 | 6.0 | 6.0 | 6.1 | 6.2 | 6.3 | 6.3 | 6.3 | 6.1 | 5.9 |
| 20 | 6.1 | 6.1 | 6.1 | 6.1 | 6.1 | 6.2 | 6.3 | 6.3 | 6.1 | 6.1 | 6.2 | 6.3 | 6.4 | 6.4 | 6.4 | 6.2 | 6.0 |
| 21 | 6.1 | 6.2 | 6.1 | 6.1 | 6.1 | 6.2 | 6.3 | 6.3 | 6.1 | 6.1 | 6.2 | 6.3 | 6.4 | 6.4 | 6.4 | 6.2 | 6.0 |
| 22 | 6.2 | 6.2 | 6.2 | 6.2 | 6.1 | 6.2 | 6.3 | 6.3 | 6.1 | 6.1 | 6.2 | 6.3 | 6.4 | 6.4 | 6.4 | 6.3 | 6.1 |
| 23 | 6.3 | 6.3 | 6.2 | 6.2 | 6.1 | 6.2 | 6.4 | 6.3 | 6.2 | 6.1 | 6.2 | 6.3 | 6.4 | 6.4 | 6.4 | 6.3 | 6.1 |
| 24 | 6.4 | 6.3 | 6.3 | 6.2 | 6.2 | 6.3 | 6.4 | 6.3 | 6.2 | 6.1 | 6.2 | 6.3 | 6.3 | 6.4 | 6.4 | 6.4 | 6.1 |
| 25 | 6.5 | 6.4 | 6.3 | 6.3 | 6.2 | 6.3 | 6.4 | 6.4 | 6.2 | 6.1 | 6.2 | 6.3 | 6.3 | 6.4 | 6.4 | 6.4 | 6.2 |
| 26 | 6.5 | 6.4 | 6.3 | 6.3 | 6.3 | 6.4 | 6.5 | 6.4 | 6.2 | 6.1 | 6.2 | 6.2 | 6.3 | 6.4 | 6.4 | 6.4 | 6.2 |
| 27 | 6.5 | 6.4 | 6.4 | 6.3 | 6.3 | 6.4 | 6.5 | 6.4 | 6.2 | 6.1 | 6.2 | 6.2 | 6.3 | 6.4 | 6.4 | 6.4 | 6.3 |
| 28 | 6.6 | 6.5 | 6.4 | 6.4 | 6.4 | 6.5 | 6.5 | 6.4 | 6.3 | 6.1 | 6.1 | 6.2 | 6.3 | 6.4 | 6.4 | 6.4 | 6.3 |
| 29 | 6.6 | 6.5 | 6.4 | 6.4 | 6.4 | 6.5 | 6.5 | 6.4 | 6.3 | 6.1 | 6.1 | 6.2 | 6.3 | 6.4 | 6.4 | 6.4 | 6.3 |
| 30 | 6.6 | 6.6 | 6.5 | 6.5 | 6.5 | 6.5 | 6.5 | 6.4 | 6.3 | 6.1 | 6.1 | 6.2 | 6.3 | 6.4 | 6.4 | 6.4 | 6.3 |
| 31 | 6.7 | 6.6 | 6.5 | 6.5 | 6.5 | 6.5 | 6.5 | 6.4 | 6.3 | 6.1 | 6.1 | 6.2 | 6.3 | 6.4 | 6.4 | 6.4 | 6.3 |
| 32 | 6.7 | 6.7 | 6.6 | 6.6 | 6.5 | 6.6 | 6.4 | 6.4 | 6.3 | 6.1 | 6.1 | 6.2 | 6.3 | 6.4 | 6.4 | 6.4 | 6.4 |
| 33 | 6.7 | 6.7 | 6.6 | 6.6 | 6.6 | 6.5 | 6.4 | 6.4 | 6.3 | 6.1 | 6.1 | 6.2 | 6.3 | 6.4 | 6.4 | 6.4 | 6.4 |
| 34 | 6.7 | 6.7 | 6.7 | 6.7 | 6.6 | 6.5 | 6.4 | 6.4 | 6.3 | 6.1 | 6.1 | 6.2 | 6.3 | 6.4 | 6.4 | 6.4 | 6.3 |
| 35 | 6.6 | 6.7 | 6.7 | 6.7 | 6.7 | 6.5 | 6.4 | 6.3 | 6.3 | 6.1 | 6.1 | 6.2 | 6.3 | 6.4 | 6.4 | 6.3 | 6.3 |
| 36 | 6.6 | 6.7 | 6.7 | 6.7 | 6.7 | 6.5 | 6.4 | 6.3 | 6.3 | 6.1 | 6.1 | 6.2 | 6.3 | 6.4 | 6.4 | 6.3 | 6.3 |

续表

| $\Delta l/°$ | h/km | | | | | | | | | | | | | | | | |
|---|---|---|---|---|---|---|---|---|---|---|---|---|---|---|---|---|---|
| | 0.0 | 25 | 50 | 75 | 100 | 150 | 200 | 250 | 300 | 350 | 400 | 450 | 500 | 550 | 600 | 650 | 700 |
| 37 | 6.5 | 6.6 | 6.7 | 6.7 | 6.7 | 6.5 | 6.4 | 6.3 | 6.2 | 6.1 | 6.1 | 6.2 | 6.3 | 6.4 | 6.4 | 6.3 | 6.3 |
| 38 | 6.5 | 6.6 | 6.7 | 6.7 | 6.7 | 6.5 | 6.4 | 6.3 | 6.2 | 6.1 | 6.1 | 6.2 | 6.3 | 6.4 | 6.3 | 6.3 | 6.3 |
| 39 | 6.4 | 6.5 | 6.6 | 6.7 | 6.6 | 6.5 | 6.4 | 6.3 | 6.1 | 6.0 | 6.1 | 6.2 | 6.3 | 6.4 | 6.3 | 6.3 | 6.3 |
| 40 | 6.4 | 6.5 | 6.6 | 6.7 | 6.6 | 6.5 | 6.3 | 6.2 | 6.1 | 6.0 | 6.1 | 6.2 | 6.3 | 6.4 | 6.3 | 6.2 | 6.3 |
| 41 | 6.5 | 6.5 | 6.5 | 6.6 | 6.6 | 6.4 | 6.3 | 6.2 | 6.0 | 6.0 | 6.1 | 6.2 | 6.3 | 6.3 | 6.3 | 6.2 | 6.3 |
| 42 | 6.5 | 6.5 | 6.5 | 6.6 | 6.6 | 6.4 | 6.3 | 6.2 | 6.0 | 6.0 | 6.1 | 6.2 | 6.3 | 6.3 | 6.3 | 6.2 | 6.3 |
| 43 | 6.5 | 6.5 | 6.5 | 6.6 | 6.6 | 6.4 | 6.3 | 6.1 | 6.0 | 6.0 | 6.1 | 6.2 | 6.3 | 6.3 | 6.3 | 6.2 | 6.3 |
| 44 | 6.6 | 6.6 | 6.5 | 6.6 | 6.6 | 6.4 | 6.3 | 6.1 | 6.1 | 6.0 | 6.1 | 6.2 | 6.3 | 6.3 | 6.3 | 6.2 | 6.2 |
| 45 | 6.7 | 6.7 | 6.6 | 6.6 | 6.6 | 6.4 | 6.2 | 6.1 | 6.1 | 6.0 | 6.1 | 6.2 | 6.3 | 6.3 | 6.3 | 6.2 | 6.2 |
| 46 | 6.8 | 6.7 | 6.7 | 6.7 | 6.6 | 6.4 | 6.2 | 6.1 | 6.1 | 6.0 | 6.1 | 6.2 | 6.3 | 6.3 | 6.3 | 6.2 | 6.2 |
| 47 | 6.9 | 6.8 | 6.7 | 6.7 | 6.6 | 6.4 | 6.2 | 6.1 | 6.1 | 6.0 | 6.1 | 6.2 | 6.3 | 6.3 | 6.3 | 6.2 | 6.2 |
| 48 | 6.9 | 6.8 | 6.8 | 6.7 | 6.6 | 6.5 | 6.2 | 6.1 | 6.1 | 6.0 | 6.1 | 6.2 | 6.2 | 6.3 | 6.3 | 6.2 | 6.2 |
| 49 | 6.8 | 6.8 | 6.8 | 6.8 | 6.7 | 6.5 | 6.2 | 6.2 | 6.1 | 6.1 | 6.1 | 6.2 | 6.2 | 6.3 | 6.3 | 6.2 | 6.2 |
| 50 | 6.7 | 6.8 | 6.8 | 6.8 | 6.8 | 6.5 | 6.3 | 6.2 | 6.1 | 6.1 | 6.1 | 6.1 | 6.2 | 6.3 | 6.3 | 6.1 | 6.1 |
| 51 | 6.7 | 6.7 | 6.8 | 6.8 | 6.8 | 6.5 | 6.3 | 6.2 | 6.2 | 6.1 | 6.1 | 6.1 | 6.2 | 6.2 | 6.2 | 6.1 | 6.1 |
| 52 | 6.7 | 6.7 | 6.8 | 6.8 | 6.8 | 6.5 | 6.4 | 6.2 | 6.2 | 6.1 | 6.1 | 6.1 | 6.2 | 6.2 | 6.2 | 6.1 | 6.1 |
| 53 | 6.7 | 6.7 | 6.8 | 6.8 | 6.8 | 6.6 | 6.4 | 6.2 | 6.2 | 6.1 | 6.1 | 6.1 | 6.1 | 6.1 | 6.2 | 6.1 | 6.1 |
| 54 | 6.8 | 6.8 | 6.8 | 6.8 | 6.8 | 6.6 | 6.4 | 6.3 | 6.2 | 6.1 | 6.1 | 6.1 | 6.1 | 6.1 | 6.1 | 6.1 | 6.0 |
| 55 | 6.8 | 6.8 | 6.8 | 6.8 | 6.8 | 6.6 | 6.5 | 6.3 | 6.2 | 6.2 | 6.1 | 6.1 | 6.1 | 6.1 | 6.1 | 6.0 | 6.0 |
| 56 | 6.8 | 6.8 | 6.8 | 6.8 | 6.8 | 6.7 | 6.5 | 6.3 | 6.2 | 6.2 | 6.1 | 6.1 | 6.1 | 6.1 | 6.1 | 6.0 | 6.0 |
| 57 | 6.8 | 6.8 | 6.8 | 6.9 | 6.8 | 6.7 | 6.5 | 6.4 | 6.2 | 6.2 | 6.2 | 6.1 | 6.1 | 6.0 | 6.0 | 6.0 | 6.0 |
| 58 | 6.8 | 6.8 | 6.9 | 6.9 | 6.8 | 6.7 | 6.5 | 6.4 | 6.3 | 6.2 | 6.2 | 6.2 | 6.1 | 6.1 | 6.0 | 6.0 | 6.0 |
| 59 | 6.9 | 6.9 | 6.9 | 6.9 | 6.9 | 6.7 | 6.5 | 6.4 | 6.3 | 6.2 | 6.2 | 6.2 | 6.2 | 6.1 | 6.0 | 6.0 | 6.0 |
| 60 | 6.9 | 6.9 | 6.9 | 6.9 | 6.9 | 6.7 | 6.5 | 6.4 | 6.3 | 6.3 | 6.2 | 6.2 | 6.2 | 6.1 | 6.0 | 6.0 | 6.0 |
| 61 | 6.9 | 6.9 | 6.9 | 6.9 | 6.8 | 6.7 | 6.5 | 6.4 | 6.3 | 6.3 | 6.3 | 6.3 | 6.2 | 6.2 | 6.1 | 6.0 | 6.0 |
| 62 | 7.0 | 6.9 | 6.9 | 6.9 | 6.8 | 6.7 | 6.6 | 6.4 | 6.4 | 6.3 | 6.3 | 6.3 | 6.3 | 6.2 | 6.1 | 6.1 | 6.0 |
| 63 | 7.0 | 6.9 | 6.9 | 6.8 | 6.7 | 6.7 | 6.6 | 6.5 | 6.4 | 6.4 | 6.4 | 6.3 | 6.3 | 6.2 | 6.2 | 6.1 | 6.0 |
| 64 | 7.0 | 6.9 | 6.8 | 6.7 | 6.7 | 6.7 | 6.6 | 6.5 | 6.5 | 6.4 | 6.4 | 6.4 | 6.4 | 6.3 | 6.2 | 6.1 | 6.1 |
| 65 | 7.0 | 6.9 | 6.8 | 6.7 | 6.7 | 6.7 | 6.6 | 6.5 | 6.5 | 6.5 | 6.4 | 6.4 | 6.4 | 6.3 | 6.2 | 6.1 | 6.1 |
| 66 | 7.0 | 6.9 | 6.8 | 6.7 | 6.7 | 6.7 | 6.5 | 6.5 | 6.5 | 6.5 | 6.5 | 6.4 | 6.4 | 6.3 | 6.2 | 6.2 | 6.1 |

续表

| Δ/° | h/km | | | | | | | | | | | | | | | | |
|---|---|---|---|---|---|---|---|---|---|---|---|---|---|---|---|---|---|
| | 0.0 | 25 | 50 | 75 | 100 | 150 | 200 | 250 | 300 | 350 | 400 | 450 | 500 | 550 | 600 | 650 | 700 |
| 67 | 7.0 | 6.9 | 6.8 | 6.7 | 6.7 | 6.6 | 6.5 | 6.5 | 6.5 | 6.5 | 6.5 | 6.4 | 6.4 | 6.3 | 6.3 | 6.2 | 6.1 |
| 68 | 7.0 | 6.9 | 6.8 | 6.7 | 6.7 | 6.6 | 6.5 | 6.5 | 6.5 | 6.5 | 6.5 | 6.4 | 6.4 | 6.3 | 6.3 | 6.2 | 6.2 |
| 69 | 7.0 | 6.9 | 6.7 | 6.7 | 6.6 | 6.6 | 6.5 | 6.5 | 6.5 | 6.5 | 6.4 | 6.4 | 6.4 | 6.3 | 6.3 | 6.2 | 6.2 |
| 70 | 6.9 | 6.9 | 6.7 | 6.7 | 6.6 | 6.6 | 6.5 | 6.5 | 6.5 | 6.5 | 6.4 | 6.4 | 6.3 | 6.3 | 6.3 | 6.2 | 6.2 |
| 71 | 6.9 | 6.9 | 6.7 | 6.7 | 6.6 | 6.6 | 6.5 | 6.5 | 6.5 | 6.5 | 6.4 | 6.4 | 6.3 | 6.3 | 6.3 | 6.3 | 6.2 |
| 72 | 6.9 | 6.8 | 6.7 | 6.7 | 6.6 | 6.5 | 6.5 | 6.5 | 6.5 | 6.5 | 6.4 | 6.4 | 6.3 | 6.3 | 6.3 | 6.3 | 6.2 |
| 73 | 6.9 | 6.8 | 6.7 | 6.7 | 6.6 | 6.5 | 6.5 | 6.5 | 6.5 | 6.5 | 6.4 | 6.4 | 6.3 | 6.3 | 6.3 | 6.3 | 6.3 |
| 74 | 6.8 | 6.8 | 6.7 | 6.7 | 6.6 | 6.5 | 6.5 | 6.5 | 6.5 | 6.5 | 6.4 | 6.4 | 6.3 | 6.3 | 6.3 | 6.3 | 6.3 |
| 75 | 6.8 | 6.8 | 6.7 | 6.7 | 6.6 | 6.5 | 6.5 | 6.5 | 6.5 | 6.5 | 6.5 | 6.4 | 6.3 | 6.2 | 6.3 | 6.3 | 6.3 |
| 76 | 6.9 | 6.8 | 6.7 | 6.7 | 6.6 | 6.5 | 6.5 | 6.5 | 6.5 | 6.5 | 6.5 | 6.4 | 6.3 | 6.2 | 6.3 | 6.3 | 6.3 |
| 77 | 6.9 | 6.8 | 6.8 | 6.7 | 6.6 | 6.5 | 6.5 | 6.5 | 6.5 | 6.6 | 6.5 | 6.4 | 6.2 | 6.2 | 6.2 | 6.3 | 6.3 |
| 78 | 6.9 | 6.8 | 6.8 | 6.7 | 6.6 | 6.5 | 6.5 | 6.5 | 6.5 | 6.6 | 6.5 | 6.4 | 6.2 | 6.2 | 6.2 | 6.3 | 6.3 |
| 79 | 6.8 | 6.8 | 6.7 | 6.7 | 6.6 | 6.5 | 6.5 | 6.5 | 6.6 | 6.6 | 6.5 | 6.4 | 6.2 | 6.2 | 6.2 | 6.3 | 6.3 |
| 80 | 6.7 | 6.8 | 6.7 | 6.7 | 6.6 | 6.5 | 6.5 | 6.5 | 6.6 | 6.6 | 6.5 | 6.4 | 6.2 | 6.2 | 6.2 | 6.3 | 6.3 |
| 81 | 6.8 | 6.8 | 6.7 | 6.7 | 6.6 | 6.5 | 6.5 | 6.5 | 6.6 | 6.6 | 6.5 | 6.4 | 6.3 | 6.3 | 6.3 | 6.3 | 6.3 |
| 82 | 6.9 | 6.8 | 6.8 | 6.7 | 6.6 | 6.5 | 6.5 | 6.5 | 6.6 | 6.6 | 6.5 | 6.4 | 6.3 | 6.3 | 6.3 | 6.3 | 6.3 |
| 83 | 7.0 | 6.9 | 6.8 | 6.7 | 6.7 | 6.6 | 6.5 | 6.5 | 6.6 | 6.6 | 6.5 | 6.5 | 6.3 | 6.3 | 6.3 | 6.4 | 6.3 |
| 84 | 7.0 | 7.0 | 6.8 | 6.8 | 6.7 | 6.6 | 6.5 | 6.6 | 6.6 | 6.6 | 6.5 | 6.5 | 6.4 | 6.4 | 6.4 | 6.4 | 6.3 |
| 85 | 7.0 | 7.0 | 6.9 | 6.8 | 6.7 | 6.6 | 6.5 | 6.6 | 6.6 | 6.6 | 6.6 | 6.5 | 6.4 | 6.4 | 6.4 | 6.4 | 6.4 |
| 86 | 6.9 | 7.0 | 7.0 | 6.8 | 6.8 | 6.6 | 6.6 | 6.6 | 6.6 | 6.7 | 6.6 | 6.5 | 6.5 | 6.5 | 6.5 | 6.5 | 6.4 |
| 87 | 7.0 | 7.0 | 7.0 | 6.9 | 6.8 | 6.7 | 6.6 | 6.6 | 6.7 | 6.7 | 6.6 | 6.5 | 6.5 | 6.5 | 6.5 | 6.5 | 6.4 |
| 88 | 7.1 | 7.1 | 7.0 | 6.9 | 6.8 | 6.8 | 6.6 | 6.6 | 6.7 | 6.7 | 6.6 | 6.6 | 6.6 | 6.6 | 6.6 | 6.5 | 6.4 |
| 89 | 7.0 | 7.1 | 7.1 | 7.0 | 6.9 | 6.8 | 6.7 | 6.7 | 6.7 | 6.7 | 6.6 | 6.6 | 6.6 | 6.7 | 6.7 | 6.6 | 6.5 |
| 90 | 7.0 | 7.0 | 7.1 | 7.0 | 6.9 | 6.8 | 6.7 | 6.7 | 6.7 | 6.7 | 6.6 | 6.7 | 6.7 | 6.7 | 6.7 | 6.7 | 6.5 |
| 91 | 7.1 | 7.1 | 7.2 | 7.1 | 7.0 | 6.9 | 6.8 | 6.7 | 6.7 | 6.7 | 6.7 | 6.7 | 6.7 | 6.8 | 6.8 | 6.7 | 6.6 |
| 92 | 7.1 | 7.2 | 7.2 | 7.2 | 7.1 | 6.9 | 6.8 | 6.8 | 6.7 | 6.8 | 6.7 | 6.8 | 6.8 | 6.8 | 6.8 | 6.8 | 6.7 |
| 93 | 7.2 | 7.2 | 7.2 | 7.2 | 7.1 | 7.0 | 6.9 | 6.8 | 6.8 | 6.8 | 6.8 | 6.8 | 6.9 | 6.8 | 6.9 | 6.7 | |
| 94 | 7.1 | 7.2 | 7.2 | 7.2 | 7.2 | 7.0 | 6.9 | 6.9 | 6.9 | 6.9 | 6.9 | 6.9 | 6.9 | 6.9 | 7.0 | 6.9 | 6.8 |
| 95 | 7.2 | 7.2 | 7.2 | 7.2 | 7.2 | 7.1 | 7.0 | 7.0 | 6.9 | 6.9 | 6.9 | 6.9 | 6.9 | 7.0 | 7.0 | 7.0 | 6.9 |
| 96 | 7.3 | 7.2 | 7.3 | 7.3 | 7.3 | 7.2 | 7.1 | 7.0 | 7.0 | 7.0 | 6.9 | 7.0 | 7.0 | 7.0 | 7.0 | 7.0 | 6.9 |

续表

| $\Delta/°$ | $h$/km | | | | | | | | | | | | | | | |
|---|---|---|---|---|---|---|---|---|---|---|---|---|---|---|---|---|
| | 0.0 | 25 | 50 | 75 | 100 | 150 | 200 | 250 | 300 | 350 | 400 | 450 | 500 | 550 | 600 | 650 | 700 |
| 97 | 7.4 | 7.3 | 7.3 | 7.3 | 7.3 | 7.2 | 7.1 | 7.1 | 7.0 | 7.0 | 7.0 | 7.0 | 7.1 | 7.1 | 7.1 | 7.0 | 7.0 |
| 98 | 7.5 | 7.3 | 7.3 | 7.3 | 7.3 | 7.3 | 7.2 | 7.1 | 7.1 | 7.1 | 7.1 | 7.1 | 7.1 | 7.1 | 7.1 | 7.1 | 7.0 |
| 99 | 7.5 | 7.3 | 7.3 | 7.3 | 7.4 | 7.3 | 7.2 | 7.2 | 7.2 | 7.1 | 7.1 | 7.2 | 7.2 | 7.2 | 7.2 | 7.1 | 7.0 |
| 100 | 7.3 | 7.3 | 7.3 | 7.4 | 7.4 | 7.3 | 7.2 | 7.2 | 7.2 | 7.2 | 7.2 | 7.2 | 7.2 | 7.2 | 7.2 | 7.2 | 7.1 |

# 参考文献

陈宏峰、袁菲、徐志国、殷翔、苗春兰、邹立晔、马延路．2014．使用中国地震台网资料准实时测定国内中强地震的矩震级．地震地磁观测与研究，35（5/6），51～57．

陈培善、叶文华．1987．论中国地震台网测得的面波震级．地球物理学报，30（1）：39～51．

陈培善、左兆荣、肖洪才．1988．用763长周期地震台网测定面波震级．地震学报，10（1）：11～23．

陈培善．1989．面波震级测定的发展过程概述．地震地磁观测与研究，10（6）：1～9．

陈运泰、吴忠良、王培德、许力生、李鸿吉、牟其铎．2000．数字地震学．北京：地震出版社．

陈运泰、刘瑞丰．2004．地震的震级．地震地磁观测与研究，25（6）：1～11．

高景春、赵英萍、徐志国、毛国良、张从珍、李东圣．2011．河北省测震台网中小地震矩震级的测定研究．华北地震科学，29（2）：1～5．

郭履灿、庞明虎．1981.面波震级和它的台基校正值．地震学报，3（3）：312～320．

国家地震局．1978．地震台站观测规范．北京：地震出版社．

国家地震局．1990．地震台站观测规范．北京：地震出版社．

国家地震局震害防御司．1995．中国历史强震目录（公元前23世纪—公元1911年）．北京：地震出版社．

康英、刘杰、郑斯华、吕金水．2004．区域数字台网新参数的求解．地震地磁观测与研究，25，（增刊）：119～128．

李善邦．1960．中国地震目录．北京：科学出版社．

李善邦．1981．中国地震．北京：地震出版社．

刘超、许力生、陈运泰.2010.2008年10月至2009年11月32次中强地震的快速矩张量解.地震学报，32（5）：619～624．

刘瑞丰、党京平、陈培善．1996．利用速度型数字地震仪记录测定面波震级．地震地磁观测与研究，17（2）：17～21．

刘瑞丰、陈培善、党京平、张伟清．1997．宽频带数字地震记录仿真的应用．地震地磁观测与研究，18（3）：7～12．

刘瑞丰、陈运泰、任枭、徐志国、孙丽、杨辉、梁建宏、任克新．2007．中国地震台网震级的对比．地震学报，29（5）：467～476．

刘瑞丰、陈运泰、任枭、徐志国、晓欣、邹立晔、张立文．2015．震级的测定．北京：地震出版社．

王丽艳、刘瑞丰、杨辉．2016.全国分区地方性震级量规函数的研究．地震学报，38（5）：693～702．

王卫民、郝金来、姚振兴．2013．2013年4月20日四川芦山地震震源破裂过程反演初步结果．地球物理学报，56（4）：1412～1417．

许力生、蒋长胜、陈运泰、李春来、张天中．2007．2004年首都圈地区中小地震的矩张量反演．地震学报，29（3）：229～239．

许绍燮．1999.地震震级的规定（GB 17740—1999）宣贯教材．北京：中国标准出版社．

杨军、苏有锦、陈佳、叶泵、李孝宾、金明培、王宝善．2014．利用CAP方法快速计算云南地区中小地震震源机制解．中国地震，30（4）：551～559．

严川．2015．小震震源机制与应力场反演方法及其应用研究．北京：中国地震局地球物理研究所博士学位论文．

姚振兴、Hemberger, D. V.．1985.测定断层面解的地震波形反演方法．地震，3：48～55．

姚振兴、郑天愉、温联星．1994.用P波波形资料反演中强地震的地震矩张量的方法．地球物理学报，37（1）：37～44．

张勇、许力生、陈运泰．2009．2008年汶川大地震震源机制的时空变化．地球物理学报，52，（2）：379～389．

赵翠萍、陈章立、郑斯华、张智强．2008．伽师震源区中等强度地震矩张量反演及其应力场特征．地球物理学报，51（3）：782～792．

赵旭、黄志斌、房立华、陈宏峰、赵博、苗春兰．2014．四川芦山 $M_S$7.0地震震源机制解，地震地磁观测与研究，35（3）：15～24．

中国地震局震害防御司．1999．中国近代地震目录（公元1912年—1990年 $M_S \geq$ 4.7）．北京：中国科学技术出版社．

中国地震局．2001．地震及前兆数字观测技术规范（地震观测）．北京：地震出版社．

中国地震局监测预报司．2017．测震学原理与方法．北京：地震出版社．

Abercrombie, R. E..1994. Regional bias in estimates of earthquake $M_S$ due to surface-wave path effects. Bull. Seism. Soc. Am. 84 (2): 377-382.

Bolt , B. A..1993. Earthquakes and Geologocal Discovery , Scientific American Library. 见:马杏垣等译. 石耀霖等校．2000.地震九讲．北京：地震出版社．

Bormann P., and Wylegalla, K.. 2005. Quick estimator of the size of great earthquake. EOS, Transactions, American Geophysical Union, 86(46):464.

Bormann, P., Liu, R. F., Ren, X., Gutdeutsch R., Kaiser D., and Castellaro S.. 2007. Chinese National Network Magnitudes, Their Relation to NEIC Magnitudes, and Recommendations for New IASPEI Magnitude Standards. Bull. Seism. Soc. Am. 97 (1B):114-127.

Bormann, P., Liu, R. F., Xu, Z. G., Ren, K. X., Zhang, L. W., Wendt, S.. 2009. First Application of the New IASPEI Teleseismic Magnitude Standards to Data of the China National Seismographic Network.Bull. Seism. Soc. Am. 99 (3):1868-1891.

Bormann, P.. 2012. New Manual of Seismological Observatory Practice. GeoForschungsZentrum, Potsdam.

Christoskov L, Kondonskaya N V, Vaněk J.. 1978. Homogeneous magnitude system of the Eurasian Continent. Tectonophysics, 49(3/4): 131-138.

Duda, S. J. and Yanovskaya, T. B.. 1993. Spectral amplitude-distance curves for P-waves: effects of velocity and Q-distribution. Tectonophysics, 217: 255-265.

Dziewonski, A.M., Chou, T. A., Woodhouse, J. H.. 1981．Determination of earthquake source parameters from waveform data for studies of global and regional seismicity．J Geophys Res，86: 2825-2852．

Gutenberg, B.. 1945a. Amplitudes of surface waves and magnitudes of shallow earthquakes. Bull. Seism. Soc. Amer. 35:3-12.

Gutenberg, B.. 1945b. Amplitudes of P, PP and S and magnitude of shallow earthquakes. Bull. Seism. Soc. Amer. 35:57-69.

Gutenberg, B. 1945c. Magnitude determination for deep-focus earthquakes. Bull. Seism. Soc. Amer. 35: 117-130.

Gutenberg, B. and Richter, C. F. 1954. Seismicity of the Earth and Associated Phenomena. 2nd edition, Princeton: Princeton University Press.

Gutenberg, B., and Richter,C.F.. 1956a. Magnitude and energy of earthquakes. Annali di Geofisica, 9(1): 1-15.

Gutenberg, B., and Richter, C. F.. 1956b. Earthquake magnitude, intensity, energy and acceleration. Bull. Seism. Soc. Am., 46: 105-145.

Hileman, J. A.,C. R. Allen, and J. M. Nordquist.. 1973. Seismicity of of the Northern California Region 1 January 1932 to 31 December 1972, report, Seismol. Lab.,Calif.Inst.of Technol.,Pasadena.

Lazareva, A. P. and Yanovskaya, T. B.. 1975. The effect of the lateral velocity of the surface wave amplitudes. Proc. Intern. Symp. Seismology and Solid-Earth Physics, Jena, April 1-6,1974. VerÖff. Zentralinstitut fÜr Physik d. Erde, 31(2): 433-440.

Kanamori, H.. 1977. The energy release in great earthquakes. J. Geophys. Res. 82: 2981-2987.

Kanamori, H.. 1983. Magnitude scale and quantification of earthquakes.Tectonophics, 93:185-199.

Kárnĭk, V., Kondorskaya, N.V.,Riznichenko,Y. V., Savarensky,Y.F., Soloviev, S. L., Shebalin, N. V.,

Vanek, J., Zatopek, A.. 1962. Standardisation of the earthquake magnitude scale.Studia Geophysica et Geodaetica, 6:41-48

Richter, C. F.. 1935. An instrumental earthquake magnitude scale. Bull. Seism. Soc. Am., 25: 1-32.

Richter, C. F.. 1958. Elementary Seismology. W. H. Freeman, San Francisco, Calf., pp578.

Willmore, P. L.. 1979. Manual of Seismological Observatory Practice. World Data Center A for Solid Earth Geophysics, Reprot SE-20, September 1979, Boulder, Colorado, 165.

USGS. 2002. New USGS earthquake magnitude policy. MCEER Information Service News. 1-3.